Amar Saraswat

Máquinas de aprendizagem: Dominar as técnicas de IA para problemas do mundo real

Amar Saraswat

Máquinas de aprendizagem: Dominar as técnicas de IA para problemas do mundo real

ScienciaScripts

Imprint

Cover image: www.ingimage.com

This book is a translation from the original published under ISBN 978-620-7-48379-2.

Publisher:
Sciencia Scripts
is a trademark of
Dodo Books Indian Ocean Ltd. and OmniScriptum S.R.L publishing group

120 High Road, East Finchley, London, N2 9ED, United Kingdom
Str. Armeneasca 28/1, office 1, Chisinau MD-2012, Republic of Moldova, Europe
Printed at: see last page
ISBN: 978-620-7-89036-1

Índice

Capítulo 1: Introdução às máquinas de aprendizagem

Introdução

O domínio das máquinas de aprendizagem representa uma profunda mudança de paradigma na forma como interagimos com a tecnologia e resolvemos problemas complexos. Na sua essência, as máquinas de aprendizagem englobam um conjunto diversificado de algoritmos e técnicas concebidos para permitir que as máquinas aprendam com os dados, se adaptem a novas situações e tomem decisões de forma autónoma. Esta introdução serve de porta de entrada para o fascinante mundo da inteligência artificial (IA), onde as máquinas evoluem de meras ferramentas para colaboradores inteligentes no nosso quotidiano.

Na sua essência, as máquinas de aprendizagem encapsulam a essência da aprendizagem humana, tirando partido de grandes quantidades de dados para discernir padrões, fazer previsões e obter informações. Ao contrário dos sistemas tradicionais baseados em regras, as máquinas de aprendizagem têm a capacidade de generalizar a partir de exemplos, o que lhes permite lidar com uma vasta gama de tarefas em vários domínios. Quer se trate de reconhecer o discurso, analisar imagens ou compreender a linguagem natural, as máquinas de aprendizagem apresentam uma versatilidade e adaptabilidade que reflecte a cognição humana.

A importância das máquinas de aprendizagem vai muito para além do meio académico e dos laboratórios de investigação; está presente em todas as facetas da sociedade moderna. Desde recomendações personalizadas em plataformas de streaming a veículos autónomos que navegam nas ruas da cidade, o impacto das máquinas de aprendizagem alimentadas por IA é omnipresente. Ao aproveitar o poder dos dados e dos algoritmos computacionais, as máquinas de aprendizagem deram início a uma nova era de inovação, eficiência e possibilidade.

No entanto, com grande poder vem grande responsabilidade. À medida que confiamos às máquinas de aprendizagem tarefas cada vez mais complexas, torna-se imperativo considerar as implicações éticas e as consequências sociais das suas acções. Questões como a parcialidade dos algoritmos, a privacidade dos dados e a deslocação de postos de trabalho sublinham a necessidade de uma regulamentação ponderada e de directrizes éticas no desenvolvimento e na utilização de máquinas de aprendizagem.

Além disso, o domínio das máquinas de aprendizagem é um cenário dinâmico e em rápida evolução, caracterizado por avanços e descobertas contínuos. Desde o surgimento da aprendizagem profunda até ao aparecimento da aprendizagem por reforço e da meta-aprendizagem, o ritmo da inovação na IA é simplesmente espantoso. À medida que os investigadores e os profissionais ultrapassam os limites do possível, as potenciais aplicações das máquinas de aprendizagem continuam a expandir-se, oferecendo novas soluções para problemas antigos e desbloqueando oportunidades de progresso sem precedentes.

Nesta exploração introdutória das máquinas de aprendizagem, embarcamos numa viagem de descoberta e compreensão, aprofundando os princípios fundamentais, os algoritmos e as aplicações que sustentam esta tecnologia transformadora. Através de uma combinação de teoria, prática e exemplos do mundo real, procuramos desmistificar o funcionamento interno das máquinas de aprendizagem e capacitar os leitores para aproveitarem o seu potencial na resolução de problemas do mundo real.

Em última análise, as máquinas de aprendizagem representam mais do que uma simples coleção de algoritmos e técnicas; representam o culminar de séculos de engenho humano e a busca incessante do conhecimento. Ao estarmos no precipício de uma nova era na história da humanidade, caracterizada pela fusão do homem e da máquina, as possibilidades são limitadas apenas pela nossa imaginação. Com um domínio firme dos fundamentos e um espírito de inovação, podemos aproveitar o poder das máquinas de aprendizagem para moldar um futuro que seja simultaneamente tecnologicamente avançado e inerentemente humano.

1.1.Definição e visão geral das máquinas de aprendizagem

As máquinas de aprendizagem, muitas vezes sinónimo de sistemas de inteligência artificial (IA), representam uma mudança de paradigma nas abordagens computacionais, em que as máquinas aprendem a partir de padrões de dados para tomar decisões ou fazer previsões sem serem explicitamente programadas. Na sua essência, as máquinas de aprendizagem imitam a cognição humana, permitindo que os sistemas melhorem autonomamente o seu desempenho ao longo do tempo através da experiência. Esta tecnologia transformadora revolucionou vários domínios, desde os cuidados de saúde às finanças, fornecendo ferramentas poderosas para resolver problemas complexos com uma eficiência e precisão sem precedentes.

Estas máquinas englobam um vasto espetro de técnicas, que vão desde os métodos estatísticos tradicionais até aos algoritmos de aprendizagem profunda de ponta. São excelentes em tarefas como a análise de dados, o reconhecimento de padrões e a tomada de decisões, superando frequentemente os especialistas humanos em determinados domínios. Além disso, as máquinas de aprendizagem possuem a versatilidade necessária para se adaptarem a diversos conjuntos de dados e domínios problemáticos, o que as torna indispensáveis na atual sociedade baseada em dados.

Um dos conceitos fundamentais subjacentes às máquinas de aprendizagem é a capacidade de extrair informações significativas de grandes volumes de dados. Ao tirar partido de algoritmos avançados, estes sistemas podem descobrir padrões ocultos, correlações e tendências que podem escapar à perceção humana. Esta capacidade permite que as organizações obtenham informações accionáveis, optimizem processos e impulsionem a inovação, ganhando assim uma vantagem competitiva na era digital.

Além disso, as máquinas de aprendizagem funcionam segundo o princípio da melhoria iterativa, em que aperfeiçoam continuamente os seus modelos com base no feedback de novos dados. Este processo de aprendizagem iterativa permite um comportamento adaptativo, permitindo que os sistemas evoluam e se adaptem a ambientes ou requisitos em mudança. Consequentemente, as máquinas de aprendizagem não são entidades estáticas, mas sim entidades dinâmicas que evoluem e crescem com a experiência, reflectindo a natureza dinâmica da aprendizagem humana.

Na sua essência, as máquinas de aprendizagem representam o culminar de décadas de investigação e desenvolvimento nos domínios da aprendizagem automática, da inteligência artificial e da ciência cognitiva. Incorporam a aspiração de criar sistemas inteligentes capazes de raciocínio autónomo, tomada de decisões e resolução de problemas. Embora subsistam desafios como a parcialidade, a ética e a interpretabilidade, é inegável o potencial das máquinas de aprendizagem para revolucionar as indústrias, melhorar as capacidades humanas e enfrentar desafios sociais prementes.

À medida que continuamos a avançar nas fronteiras da IA e da aprendizagem automática, é imperativo promover a inovação responsável e a gestão ética. Ao adotar uma abordagem centrada no ser humano e ao dar prioridade a princípios como a justiça, a transparência e a responsabilidade, podemos aproveitar todo o potencial das máquinas de aprendizagem para melhorar a sociedade. Ao fazê-lo, abrimos caminho para um futuro em que as máquinas inteligentes coexistem harmoniosamente com a humanidade, enriquecendo as nossas vidas e remodelando o panorama das possibilidades.

1.2. Importância da aprendizagem de máquinas em aplicações do mundo real

Na era moderna, a importância das máquinas de aprendizagem em aplicações do mundo real não pode ser exagerada. Estes sistemas inteligentes estão a revolucionar todos os sectores, desde os cuidados de saúde às finanças, dos transportes ao entretenimento. No centro da sua importância está a sua capacidade de processar grandes quantidades de dados e extrair conhecimentos significativos, permitindo às empresas e organizações tomar decisões mais informadas e otimizar as suas operações.

Uma das principais razões para a importância das máquinas de aprendizagem é a sua capacidade de automatizar tarefas que anteriormente eram trabalhosas e demoradas. Ao tirar partido dos algoritmos e dos dados, estas máquinas podem executar tarefas repetitivas com uma velocidade e precisão incríveis, libertando os recursos humanos para se concentrarem em actividades mais complexas e criativas. Esta automatização não só aumenta a eficiência, como também reduz os custos, tornando as empresas mais competitivas no atual ambiente de mercado de ritmo acelerado.

Além disso, as máquinas de aprendizagem desempenham um papel crucial na análise preditiva, permitindo às organizações antecipar tendências e tomar decisões proactivas. Quer se trate de prever a procura dos clientes, de prever falhas no equipamento ou de identificar potenciais riscos, estes sistemas alimentados por IA permitem que as empresas se mantenham à frente da curva e mitiguem potenciais desafios antes de estes surgirem. Esta capacidade de previsão não só melhora a eficiência operacional, como também promove a inovação e o planeamento estratégico.

Além disso, as máquinas de aprendizagem são fundamentais para melhorar as experiências dos clientes em vários sectores. Através de recomendações personalizadas, análise de sentimentos e processamento de linguagem natural, estes sistemas de IA podem compreender e responder às necessidades dos clientes em tempo real, aumentando o envolvimento e a lealdade. Quer se trate de fornecer recomendações de produtos personalizadas ou de resolver as dúvidas dos clientes através de chatbots, estes sistemas inteligentes permitem que as empresas ofereçam experiências perfeitas e intuitivas, aumentando a satisfação e a retenção dos clientes.

Para além de melhorarem a eficiência operacional e as experiências dos clientes, as máquinas de aprendizagem estão também a transformar as indústrias através da inovação e da descoberta. Ao analisar conjuntos de dados complexos e ao identificar padrões que podem não ser evidentes para os analistas humanos, estes sistemas de IA estão a impulsionar avanços em áreas como os cuidados de saúde, a descoberta de medicamentos e a investigação científica. Desde a identificação de novas opções de tratamento para doenças até à aceleração do desenvolvimento de novos materiais, as máquinas de aprendizagem estão a ultrapassar os limites do possível e a desbloquear novas oportunidades de progresso.

Além disso, as máquinas de aprendizagem estão a desempenhar um papel fundamental na resolução de alguns dos desafios mais prementes da sociedade, desde as alterações climáticas à saúde pública. Ao analisar dados ambientais, otimizar a utilização de energia e prever catástrofes naturais, estes sistemas inteligentes estão a ajudar os governos e as organizações a tomar decisões mais informadas e a implementar práticas sustentáveis. Do mesmo modo, nos cuidados de saúde, as máquinas de aprendizagem estão a revolucionar o diagnóstico, o tratamento e a prevenção de doenças, acabando por melhorar os resultados e salvar vidas.

Além disso, a importância das máquinas de aprendizagem ultrapassa as suas aplicações imediatas, moldando o futuro do trabalho e da sociedade no seu conjunto. À medida que estes sistemas inteligentes continuam a evoluir e a integrar-se cada vez mais no nosso quotidiano, terão, sem dúvida, implicações profundas no emprego, na educação e na ética. É essencial que os decisores políticos, as empresas e os indivíduos considerem as implicações éticas e sociais da adoção da IA e garantam que estas tecnologias são utilizadas de forma responsável e ética.

Em conclusão, as máquinas de aprendizagem não são apenas ferramentas para melhorar a eficiência e a produtividade; são catalisadores de transformação e inovação em todas as indústrias e sectores. Desde a automatização de tarefas de rotina até à realização de descobertas revolucionárias, estes sistemas inteligentes estão a remodelar a forma como trabalhamos, vivemos e interagimos com o mundo que nos rodeia. À medida que continuamos a aproveitar o poder da IA e da aprendizagem automática, é imperativo que o façamos tendo em conta as implicações éticas, sociais e económicas, garantindo que estas tecnologias beneficiam a humanidade no seu todo.

1.3.Evolução das técnicas de IA

A evolução das técnicas de IA representa uma narrativa fascinante que se estende por mais de meio século, caracterizada por avanços notáveis, progressos transformadores e desafios persistentes. A partir da década de 1950, com o advento da IA simbólica, os investigadores procuraram reproduzir a inteligência humana através do raciocínio lógico e de sistemas baseados em regras. Estes primeiros esforços lançaram as bases para desenvolvimentos posteriores, mas depressa se depararam com limitações no tratamento da complexidade e da incerteza. O aparecimento da aprendizagem automática no final do século XX marcou uma mudança de paradigma, uma vez que os algoritmos começaram a aprender com os dados em vez de se basearem apenas na programação explícita. Esta mudança abriu caminho a progressos significativos no reconhecimento de padrões, na modelação preditiva e na tomada de decisões, culminando na adoção generalizada da IA em vários domínios.

O século XXI assistiu a um ressurgimento do interesse pela IA, impulsionado pelo crescimento exponencial do poder computacional, da disponibilidade de dados e da sofisticação algorítmica. A aprendizagem profunda, caracterizada por redes neuronais com várias camadas, emergiu como paradigma dominante, revolucionando domínios como a visão computacional, o processamento de linguagem natural e os sistemas autónomos. Os avanços na aprendizagem por reforço impulsionaram ainda mais as capacidades da IA, permitindo que as máquinas aprendessem estratégias óptimas através de tentativa e erro. A fusão da IA com outras disciplinas, incluindo a robótica, a neurociência e a ciência cognitiva, estimulou colaborações interdisciplinares e novas perspectivas sobre a inteligência e a cognição.

A evolução das técnicas de IA tem sido impulsionada por um ciclo virtuoso de investigação, inovação e aplicação. As instituições académicas, os laboratórios da indústria e as comunidades de código aberto contribuíram para um ecossistema rico de partilha de conhecimentos e colaboração, acelerando o progresso e democratizando o acesso a ferramentas e recursos de IA. A comercialização da IA conduziu a aplicações transformadoras nos sectores da saúde, finanças, transportes e outros, impulsionando o crescimento económico e o impacto social. No entanto, o ritmo acelerado da inovação também suscitou preocupações éticas, sociais e económicas, incluindo questões de preconceito, privacidade, deslocação de postos de trabalho e responsabilidade algorítmica.

Olhando para o futuro, a evolução das técnicas de IA deverá continuar a um ritmo acelerado, impulsionada por tecnologias emergentes como a computação quântica, a aprendizagem federada e a computação neuromórfica. As abordagens interdisciplinares que integram a IA com outros domínios, como a biologia, a física e as ciências sociais, são promissoras para resolver problemas complexos do mundo real. As considerações éticas e os princípios de conceção centrados no ser humano desempenharão um papel cada vez mais importante na definição da trajetória do desenvolvimento da IA, garantindo que as tecnologias de IA estão alinhadas com os valores humanos e as necessidades da sociedade. A colaboração entre sectores, incluindo o meio académico, a indústria, o governo e a sociedade civil, será essencial para enfrentar os grandes desafios e aproveitar todo o potencial da IA em benefício da humanidade.

Em conclusão, a evolução das técnicas de IA representa uma viagem notável marcada pelo engenho, perseverança e mudanças de paradigma. Desde os primeiros sistemas de IA simbólica até aos modernos algoritmos de aprendizagem profunda, a busca da inteligência artificial cativou a imaginação de cientistas, engenheiros e entusiastas de todo o mundo. À medida que navegamos pelas complexidades e oportunidades da era da IA, é essencial defender os princípios éticos, promover a inclusão e fomentar a gestão responsável das tecnologias de IA. Ao aproveitar a sabedoria colectiva e a criatividade de diversas partes interessadas, podemos orientar a inovação da IA para um futuro que seja equitativo, sustentável e capacitante para todos.

Conclusão :

Em conclusão, a viagem pelo domínio das máquinas de aprendizagem proporcionou-nos conhecimentos profundos sobre o poder transformador da inteligência artificial (IA) na resolução de desafios do mundo real. Começando com uma definição abrangente e uma visão geral, mergulhámos no intrincado funcionamento das máquinas de aprendizagem, que englobam um conjunto diversificado de algoritmos e técnicas destinados a permitir que as máquinas aprendam com os dados e melhorem o seu desempenho ao longo do tempo.

A importância das máquinas de aprendizagem em aplicações do mundo real não pode ser exagerada. Dos cuidados de saúde às finanças, do marketing aos veículos autónomos e muito mais, as máquinas de aprendizagem estão a revolucionar as indústrias e a transformar a forma como vivemos e trabalhamos. Ao tirar partido de grandes quantidades de dados e de algoritmos sofisticados, estas máquinas são capazes de fazer previsões, detetar padrões e tomar decisões com um nível de precisão e eficiência que antes era inimaginável. Quer se trate do diagnóstico de doenças, da otimização de carteiras financeiras ou da personalização de campanhas de marketing, as máquinas de aprendizagem estão a capacitar as organizações para desbloquear novas oportunidades, impulsionar a inovação e proporcionar valor às partes interessadas.

Além disso, a evolução das técnicas de IA tem sido notável. Desde os primórdios dos sistemas baseados em regras até à era atual da aprendizagem profunda e das redes neuronais, a IA sofreu uma rápida evolução alimentada por avanços na capacidade de computação, na disponibilidade de dados e na sofisticação algorítmica. Esta evolução não só expandiu as capacidades das máquinas de aprendizagem, como também abriu novas fronteiras na investigação e desenvolvimento da IA, abrindo caminho a possibilidades interessantes no futuro.

Ao reflectirmos sobre o percurso da introdução às máquinas de aprendizagem, torna-se evidente que estamos a assistir a uma mudança de paradigma na forma como interagimos com a tecnologia e aproveitamos o poder dos dados. No entanto, com este potencial transformador vem a responsabilidade de garantir que a IA é desenvolvida e implementada de forma ética e responsável. É imperativo que abordemos questões como a parcialidade, a justiça, a privacidade e a responsabilidade, para garantir que os benefícios das máquinas de aprendizagem sejam distribuídos de forma equitativa e que sirvam um bem maior.

Em conclusão, as máquinas de aprendizagem são imensamente promissoras para resolver alguns dos desafios mais prementes que a sociedade enfrenta atualmente. Ao abraçar a inovação, a colaboração e um compromisso com a IA ética, podemos aproveitar todo o potencial das máquinas de aprendizagem para criar um futuro mais brilhante e mais inclusivo para todos. Ao embarcarmos nesta viagem, mantenhamo-nos vigilantes, adaptáveis e guiados pelos princípios da integridade, transparência e conceção centrada no ser humano. Juntos, podemos dominar as técnicas de IA e libertar todo o potencial das máquinas de aprendizagem para resolver os problemas complexos do nosso tempo e moldar um futuro melhor.

Capítulo 2. Fundamentos da aprendizagem automática

Introdução:

Ao aprofundar os fundamentos da aprendizagem automática, embarcamos numa viagem para compreender a essência deste campo transformador. Na sua essência, a aprendizagem automática gira em torno do conceito de permitir que os computadores aprendam com os dados sem serem explicitamente programados. Esta mudança de paradigma desbloqueou um potencial sem precedentes, permitindo aos sistemas discernir padrões, fazer previsões e adaptar-se a cenários em evolução de forma autónoma. Fundamentalmente, a aprendizagem automática funciona com base no princípio dos algoritmos, construções matemáticas concebidas para aperfeiçoar iterativamente os modelos com base nos dados de entrada, melhorando assim a sua precisão e desempenho de previsão.

Os três principais paradigmas da aprendizagem automática são fundamentais para a compreensão da aprendizagem automática: aprendizagem supervisionada, não supervisionada e por reforço. A aprendizagem supervisionada envolve o treino de modelos em conjuntos de dados rotulados, em que cada entrada está associada a uma saída correspondente. Esta abordagem permite ao sistema aprender relações entre entradas e saídas, facilitando tarefas como a classificação e a regressão. Por outro lado, a aprendizagem não supervisionada implica a análise de dados não rotulados para identificar estruturas ou padrões inerentes, sem orientação explícita. Através de técnicas como o agrupamento e a redução da dimensionalidade, a aprendizagem não supervisionada revela percepções ocultas nos dados, oferecendo informações valiosas sobre fenómenos complexos.

A aprendizagem por reforço, o terceiro paradigma, introduz o conceito de um agente que interage com um ambiente para atingir objectivos predefinidos. Ao receber feedback sob a forma de recompensas ou penalizações, o agente aprende estratégias óptimas por tentativa e erro. Este quadro dinâmico está subjacente a aplicações que vão da robótica autónoma ao jogo, incorporando o conceito de aprender com a experiência. Para além dos paradigmas, a aprendizagem automática engloba um conjunto diversificado de algoritmos, cada um adaptado a tarefas e características de dados específicas. Desde árvores de decisão e máquinas de vectores de suporte a redes neuronais e arquitecturas de aprendizagem profunda, estes algoritmos constituem a base das aplicações de aprendizagem automática, fornecendo ferramentas para enfrentar diversos desafios.

O processo de pré-processamento de dados e de engenharia de características é essencial para o sucesso dos esforços de aprendizagem automática. Os dados em bruto raramente estão em conformidade com os requisitos dos algoritmos de aprendizagem automática, necessitando de passos de pré-processamento como a limpeza, a normalização e o tratamento de valores em falta. A engenharia de características, por sua vez, envolve a seleção ou transformação de atributos relevantes dos dados em bruto, melhorando a capacidade do modelo para extrair padrões significativos. Através de uma preparação meticulosa dos dados, os profissionais podem reduzir o ruído, melhorar o desempenho do modelo e acelerar o processo de aprendizagem.

À medida que a aprendizagem automática continua a permear diversos domínios, compreender os seus fundamentos é fundamental para aproveitar o seu potencial transformador. Ao compreenderem os princípios, paradigmas e técnicas subjacentes, os profissionais podem navegar com confiança pelas complexidades dos problemas do mundo real. Além disso, uma base sólida em aprendizagem automática permite aos indivíduos inovar, explorar novas fronteiras e enfrentar desafios sociais prementes. Essencialmente, os fundamentos da aprendizagem automática servem de trampolim para a criatividade, a inovação e o progresso, impulsionando-nos para um futuro em que os sistemas inteligentes aumentam as capacidades humanas e enriquecem a vida de inúmeras formas.

2.1. Conceito básico e terminologia

Os fundamentos da aprendizagem automática estabelecem as bases para compreender e implementar técnicas sofisticadas de IA para enfrentar os desafios do mundo real. Na sua essência, a aprendizagem automática gira em torno do conceito de aprendizagem a partir de dados para fazer previsões ou tomar decisões sem ser explicitamente programada. Esta mudança de paradigma da programação tradicional baseada em regras para abordagens baseadas em dados abriu caminho para avanços transformadores em vários sectores.

No centro da aprendizagem automática estão vários conceitos e terminologias fundamentais que constituem os blocos de construção das suas metodologias. Estes incluem conjuntos de dados, que são colecções de exemplos utilizados para treinar e testar modelos de aprendizagem automática. Nos conjuntos de dados, os exemplos individuais são designados por instâncias, cada uma das quais inclui características que representam diferentes aspectos dos dados. As características desempenham um papel crucial na definição das características que o modelo aprende a reconhecer ou a prever. Além disso, os rótulos ou objectivos associados às instâncias são essenciais nas tarefas de aprendizagem supervisionada, servindo como verdade fundamental para a formação do modelo.

Os algoritmos actuam como os motores computacionais que conduzem os processos de aprendizagem automática, cada um deles concebido para resolver tipos específicos de tarefas. Os algoritmos de aprendizagem supervisionada aprendem a partir de dados etiquetados a fazer previsões ou classificações, enquanto os algoritmos de aprendizagem não supervisionada descobrem padrões ou estruturas ocultas em dados não etiquetados. Os algoritmos de aprendizagem por reforço, por outro lado, aprendem estratégias óptimas através da interação com um ambiente, recebendo feedback sob a forma de recompensas ou penalizações.

As métricas de avaliação são ferramentas indispensáveis para avaliar o desempenho dos modelos de aprendizagem automática. Estas métricas fornecem medidas quantitativas da eficácia de um modelo na realização de previsões ou classificações. As métricas de avaliação mais comuns incluem a exatidão, a precisão, a recuperação, a pontuação F1 e a área sob a curva caraterística de funcionamento do recetor (ROC AUC), entre outras. A escolha da métrica de avaliação depende da tarefa específica e dos objectivos subjacentes à aplicação de aprendizagem automática.

Para além dos algoritmos e das métricas de avaliação, as técnicas de validação cruzada são essenciais para uma avaliação e seleção robustas dos modelos. A validação cruzada consiste em dividir o conjunto de dados em vários subconjuntos, treinar e testar iterativamente o modelo em diferentes combinações desses subconjuntos para obter estimativas de desempenho fiáveis. Isto ajuda a detetar e atenuar o sobreajuste, em que um modelo aprende a memorizar os dados de treino em vez de generalizar para dados não vistos.

A compreensão destes conceitos e terminologias fundamentais é crucial para quem se aventura no domínio da aprendizagem automática. Fornecem os conhecimentos básicos necessários para compreender técnicas e metodologias avançadas, permitindo aos profissionais conceber, desenvolver e implementar soluções eficazes de aprendizagem automática para resolver problemas do mundo real. À medida que a aprendizagem automática continua a evoluir e a permear vários domínios, uma sólida compreensão destes fundamentos continuará a ser indispensável para desbloquear todo o seu potencial na definição do futuro da tecnologia e da sociedade.

2.2. Tipos de aprendizagem automática

A aprendizagem automática, um subconjunto da inteligência artificial, engloba várias abordagens que permitem aos sistemas aprender e melhorar com a experiência sem serem explicitamente programados. Em termos gerais, a aprendizagem automática pode ser dividida em três tipos principais:

1. Aprendizagem supervisionada:

A aprendizagem supervisionada envolve o treino de um modelo num conjunto de dados rotulados, em que cada par de entrada-saída é fornecido com rótulos correspondentes ou valores-alvo. O objetivo é que o modelo aprenda o mapeamento entre as características de entrada e a variável alvo. As tarefas comuns na aprendizagem supervisionada incluem a classificação e a regressão. Nas tarefas de classificação, o modelo prevê etiquetas de classes discretas, enquanto nas tarefas de regressão, o modelo prevê valores numéricos contínuos. Exemplos de algoritmos de aprendizagem supervisionada incluem a regressão linear, a regressão logística, as máquinas de vectores de suporte (SVM), as árvores de decisão, as florestas aleatórias e as redes neuronais.

2. Aprendizagem não supervisionada:

A aprendizagem não supervisionada trata da aprendizagem a partir de dados não rotulados ou de dados sem feedback explícito. O objetivo é identificar padrões, estruturas ou relações nos dados sem a orientação de resultados rotulados. O agrupamento e a redução da dimensionalidade são tarefas primárias da aprendizagem não supervisionada. Os algoritmos de agrupamento agrupam pontos de dados semelhantes em clusters com base nas suas semelhanças inerentes, enquanto as técnicas de redução da dimensionalidade têm como objetivo reduzir o número de características, preservando a informação mais relevante. Os algoritmos de aprendizagem não supervisionada mais comuns incluem o agrupamento k-means, o agrupamento hierárquico, a análise de componentes principais (PCA) e a incorporação de vizinhos estocásticos t-distribuídos (t-SNE).

3. Aprendizagem por reforço:

A aprendizagem por reforço implica que um agente aprenda a tomar decisões interagindo com um ambiente para maximizar as recompensas acumuladas. Ao contrário da aprendizagem supervisionada, a aprendizagem por reforço não se baseia em dados rotulados, mas aprende a partir de feedback sob a forma de recompensas ou penalizações. O agente toma medidas com base no seu estado atual e o ambiente responde com recompensas ou castigos. O objetivo é que o agente aprenda a política óptima que maximiza a recompensa acumulada ao longo do tempo. A aprendizagem por reforço tem aplicações em vários domínios, incluindo a robótica, os jogos e os sistemas autónomos. Os algoritmos comuns de aprendizagem por reforço incluem Q-learning, redes Q profundas (DQN), gradientes de política e métodos de ator-crítico.

Estes três tipos de aprendizagem automática constituem a base dos sistemas modernos de IA e são aplicados em diversos domínios, desde os cuidados de saúde e as finanças ao processamento de linguagem natural e à visão por computador. Cada tipo oferece capacidades e metodologias distintas, adequadas a diferentes contextos problemáticos, o que faz da aprendizagem automática uma ferramenta versátil para resolver uma vasta gama de desafios do mundo real.

Os fundamentos da aprendizagem automática são a pedra angular para compreender e implementar técnicas de IA na resolução de problemas do mundo real. Na sua essência, a aprendizagem automática gira em torno do conceito de permitir que os computadores aprendam com os dados sem serem explicitamente programados. Este princípio fundamental abre a porta a vários tipos de aprendizagem automática, cada um oferecendo capacidades e aplicações únicas.

A aprendizagem supervisionada destaca-se como um dos tipos mais prevalecentes de aprendizagem automática. Na aprendizagem supervisionada, o algoritmo aprende a partir de dados rotulados, em que os pares de entrada-saída são fornecidos durante a fase de formação.

Este tipo de aprendizagem é amplamente utilizado em tarefas como a classificação e a regressão, em que o modelo aprende a prever resultados com base em características de entrada.

Por outro lado, a aprendizagem não supervisionada funciona sem dados rotulados, concentrando-se na identificação de padrões e estruturas nos dados. Os algoritmos de agrupamento, como o agrupamento K-means e o agrupamento hierárquico, são exemplos de técnicas de aprendizagem não supervisionada. Estes algoritmos agrupam pontos de dados semelhantes com base em semelhanças inerentes, permitindo a exploração e segmentação de dados sem a necessidade de etiquetas predefinidas.

A aprendizagem por reforço introduz um paradigma diferente, em que um agente aprende a interagir com um ambiente através de tentativa e erro, com o objetivo de maximizar as recompensas cumulativas. Este tipo de aprendizagem é predominante em domínios como a robótica e os jogos, em que os agentes aprendem estratégias óptimas através da exploração e aproveitamento do seu ambiente.

Além disso, a aprendizagem semi-supervisionada combina aspectos da aprendizagem supervisionada e não-supervisionada, tirando partido de uma pequena quantidade de dados etiquetados juntamente com um conjunto maior de dados não etiquetados. Esta abordagem é particularmente útil em cenários em que a aquisição de dados etiquetados é dispendiosa ou demorada, permitindo uma utilização mais eficiente dos recursos disponíveis.

Outro tipo importante de aprendizagem automática é a aprendizagem por transferência, que envolve o aproveitamento dos conhecimentos adquiridos numa tarefa para melhorar o desempenho numa tarefa relacionada mas diferente. Ao transferir representações ou parâmetros aprendidos de um modelo pré-treinado, a aprendizagem por transferência permite uma convergência mais rápida e uma melhor generalização, especialmente em domínios com dados de treino limitados.

Além disso, as técnicas de aprendizagem de conjuntos combinam vários modelos para produzir um melhor desempenho de previsão do que qualquer modelo individual isolado. Técnicas como bagging, boosting e stacking aproveitam a diversidade de vários modelos para reduzir o sobreajuste e melhorar a precisão geral, tornando-as ferramentas valiosas em tarefas de modelação e classificação preditivas.

Em resumo, os vários tipos de técnicas de aprendizagem automática oferecem um rico conjunto de ferramentas para enfrentar diversos desafios em vários domínios. Quer se trate de fazer previsões, identificar padrões ou otimizar processos de tomada de decisões, compreender as nuances e aplicações dos diferentes paradigmas de aprendizagem automática é essencial para aproveitar todo o potencial da IA na resolução de problemas do mundo real.

2.3. Principais algoritmos e técnicas

Compreender os fundamentos da aprendizagem automática é semelhante a dominar os blocos de construção sobre os quais são construídas as soluções de IA. Na sua essência, a aprendizagem automática gira em torno de uma multiplicidade de algoritmos e técnicas que permitem aos computadores aprender com os dados e fazer previsões ou tomar decisões. Entre estes, a aprendizagem supervisionada destaca-se como um conceito fundamental, em que os modelos são treinados em dados rotulados para fazer previsões. Algoritmos como a regressão linear, as árvores de decisão e as máquinas de vectores de suporte constituem a base da aprendizagem supervisionada, oferecendo cada um deles vantagens únicas em vários cenários.

A aprendizagem não supervisionada, por outro lado, investiga o domínio dos dados não rotulados, procurando descobrir padrões ou estruturas ocultas no conjunto de dados. Os algoritmos de agrupamento, como o K-means e o agrupamento hierárquico, juntamente com técnicas de redução da dimensionalidade, como a análise de componentes principais (PCA), desempenham um papel fundamental na aprendizagem não supervisionada, permitindo a descoberta de informações valiosas a partir de dados não estruturados. A aprendizagem por reforço introduz outra dimensão no processo de aprendizagem, em que os agentes aprendem a interagir com um ambiente através de tentativa e erro, maximizando as recompensas acumuladas ao longo do tempo. O Q-learning e as redes Q profundas (DQN) são exemplos proeminentes de algoritmos de aprendizagem por reforço, utilizados em tarefas que vão desde o jogo à robótica.

A aprendizagem profunda representa um salto revolucionário na aprendizagem automática, caracterizada pela utilização de redes neuronais artificiais com várias camadas (redes neuronais profundas). As redes neuronais convolucionais (CNN) destacam-se em tarefas que envolvem o reconhecimento de imagens e a visão por computador, enquanto as redes neuronais recorrentes (RNN) são adeptas do processamento de dados sequenciais, como séries cronológicas ou linguagem natural. Estes algoritmos, alimentados pela disponibilidade de grandes quantidades de dados e recursos computacionais, impulsionaram os avanços em domínios como os cuidados de saúde, as finanças e os veículos autónomos.

Além disso, o domínio da aprendizagem automática não se limita a algoritmos específicos, mas engloba um espetro de técnicas destinadas a melhorar o desempenho e a interpretabilidade dos modelos. A engenharia de características, por exemplo, envolve a transformação de dados brutos em características significativas que captam informações relevantes para o modelo. As técnicas de regularização, como a regularização L1 e L2, ajudam a evitar o sobreajuste e melhoram a generalização dos modelos. As técnicas de validação cruzada, como a validação cruzada k-fold, ajudam a avaliar o desempenho dos modelos em dados não vistos, garantindo robustez e fiabilidade.

Em conclusão, o domínio dos fundamentos da aprendizagem automática implica uma compreensão profunda dos principais algoritmos e técnicas que estão na base do desenvolvimento de sistemas de IA. Da aprendizagem supervisionada e não supervisionada à aprendizagem por reforço e à aprendizagem profunda, cada paradigma oferece capacidades e aplicações únicas. À medida que este domínio continua a evoluir, é essencial adotar uma gama diversificada de técnicas e manter-se a par dos avanços para tirar partido de todo o potencial das máquinas de aprendizagem para enfrentar os desafios do mundo real. Ao aproveitar o poder destes conceitos fundamentais, abrimos caminho para soluções inovadoras que impulsionam o progresso e a transformação em vários domínios.

Conclusão:

Em conclusão, dominar os fundamentos da aprendizagem automática é crucial para quem procura navegar eficazmente no intrincado panorama da inteligência artificial (IA). Ao longo desta secção, aprofundámos os conceitos e a terminologia essenciais que sustentam toda a disciplina, fornecendo uma base sólida sobre a qual construir conhecimentos e competências mais avançados.

Compreender os tipos de aprendizagem automática - supervisionada, não supervisionada e aprendizagem por reforço - abre uma miríade de possibilidades para resolver diversos problemas do mundo real. A aprendizagem supervisionada permite-nos fazer previsões e classificações com base em dados etiquetados, enquanto a aprendizagem não supervisionada permite a exploração de padrões e estruturas em dados não etiquetados. A aprendizagem por reforço introduz um quadro dinâmico em que os agentes aprendem a tomar decisões sequenciais através de interacções com um ambiente, reflectindo aspectos da aprendizagem e da tomada de decisões humanas.

Além disso, explorámos os principais algoritmos e técnicas que servem de base aos modelos de aprendizagem automática. Da regressão linear às máquinas de vectores de suporte, do agrupamento k-means às redes neuronais profundas, cada algoritmo oferece pontos fortes e capacidades únicas adequadas a tarefas e características de dados específicas. Ao familiarizarmo-nos com estes algoritmos e os seus princípios subjacentes, ganhamos a versatilidade necessária para nos adaptarmos e inovarmos na resolução de problemas do mundo real em vários domínios.

Ao concluirmos esta secção, é importante salientar a natureza dinâmica do campo da aprendizagem automática. O panorama está em constante evolução, com novos algoritmos, técnicas e paradigmas a surgirem a um ritmo acelerado. Por conseguinte, embora o domínio dos fundamentos constitua um ponto de partida sólido, é igualmente essencial cultivar uma mentalidade de aprendizagem e adaptação contínuas. Manter-se a par dos últimos desenvolvimentos, experimentar novas abordagens e aperfeiçoar as capacidades de resolução de problemas é essencial para se manter relevante e eficaz no mundo em constante mudança da IA.

Em suma, os fundamentos da aprendizagem automática constituem a base sobre a qual assenta o edifício da inovação da IA. Ao apreender os conceitos básicos, compreender os diferentes tipos de paradigmas de aprendizagem e familiarizarmo-nos com os principais algoritmos e técnicas, equipamo-nos com as ferramentas necessárias para enfrentar os desafios do mundo real e impulsionar progressos significativos no domínio da inteligência artificial.

Capítulo 3. Pré-processamento de dados e engenharia de características

Introdução:

O pré-processamento de dados e a engenharia de características são pilares indispensáveis na construção da aprendizagem automática e da inteligência artificial. No intrincado panorama da ciência dos dados, estes processos servem de base para a construção de modelos precisos e robustos. Os passos iniciais do pré-processamento de dados envolvem a limpeza de dados em bruto, o tratamento de valores em falta e a resolução de inconsistências, garantindo que o conjunto de dados está imaculado e pronto para análise. Esta preparação meticulosa estabelece as bases para as fases seguintes, facilitando a obtenção de informações mais significativas e capacidades de previsão.

A engenharia de características, muitas vezes aclamada como uma forma de arte em si mesma, envolve a transformação e criação de características que melhor encapsulam os padrões subjacentes nos dados. Requer uma compreensão profunda do domínio e do problema em causa, bem como uma intuição criativa para identificar os atributos mais informativos. Ao criar características que captam a essência dos dados, minimizando o ruído e a redundância, a engenharia de características permite que os modelos de aprendizagem automática extraiam relações significativas e façam previsões exactas.

Além disso, o pré-processamento de dados e a engenharia de características são processos iterativos, interligados com o desenvolvimento e aperfeiçoamento de modelos. À medida que os modelos são treinados e avaliados, os conhecimentos obtidos a partir do desempenho das iterações iniciais permitem ajustar os passos de pré-processamento e as estratégias de engenharia de características. Este ciclo iterativo permite uma melhoria e otimização contínuas, aumentando a eficácia e a capacidade de generalização dos modelos.

Na era dos grandes volumes de dados, em que os conjuntos de dados são cada vez mais volumosos e complexos, a importância do pré-processamento de dados e da engenharia de características não pode ser sobrestimada. Estes processos servem de porta de entrada para extrair valor dos dados, permitindo que as organizações obtenham conhecimentos accionáveis e conduzam a decisões informadas. Além disso, em domínios como os cuidados de saúde, as finanças e o marketing, em que a qualidade dos dados e a precisão da previsão são fundamentais, a atenção meticulosa ao pré-processamento e à engenharia de características é essencial para o sucesso.

Apesar dos avanços na seleção automatizada de características e nas técnicas de redução da dimensionalidade, o toque humano continua a ser indispensável no pré-processamento de dados e na engenharia de características. É a experiência no domínio e o engenho criativo dos cientistas de dados que lhes permite descobrir padrões ocultos, conceber características informativas e, em última análise, desbloquear todo o potencial dos modelos de aprendizagem automática. Como tal, a promoção de uma cultura de colaboração e inovação entre as equipas de ciência de dados é crucial para impulsionar o progresso neste domínio.

Em conclusão, o pré-processamento de dados e a engenharia de características representam a pedra angular de soluções eficazes de aprendizagem automática e IA. O seu papel na transformação de dados brutos em informações accionáveis não pode ser exagerado, uma vez que permite que os modelos generalizem bem para dados não vistos e forneçam valor no mundo real. Ao adotar as melhores práticas, alavancar a experiência no domínio e promover uma cultura de inovação, as organizações podem aproveitar o poder do pré-processamento de dados e da engenharia de características para resolver até os problemas mais complexos do mundo real e gerar um impacto significativo.

3.1. Limpeza de dados e tratamento de valores em falta

A limpeza de dados e o tratamento de valores em falta são passos fundamentais na fase de pré-processamento de dados de qualquer projeto de aprendizagem automática, cruciais para garantir a precisão e a fiabilidade da análise subsequente. O processo começa com a identificação e compreensão da natureza dos dados em falta no conjunto de dados. Os valores em falta podem surgir devido a várias razões, como erro humano durante a introdução de dados, avaria do equipamento ou simplesmente a ausência de dados para determinadas observações. Uma vez identificados, há várias abordagens para tratar os valores em falta, cada uma com as suas próprias vantagens e limitações.

Uma técnica comum para tratar os valores em falta é a eliminação, em que as observações inteiras que contêm valores em falta são removidas do conjunto de dados. Embora simples e direta, esta abordagem pode levar à perda de informação valiosa, especialmente se os dados em falta não forem aleatórios. Em alternativa, podem ser utilizados métodos de imputação, como a imputação da média, da mediana ou da moda, para substituir os valores em falta por estatísticas resumidas calculadas a partir dos dados restantes. Embora a imputação preserve a integridade do conjunto de dados, pode introduzir enviesamentos se os valores em falta não forem completamente aleatórios.

Outra abordagem para tratar os valores em falta é a modelação preditiva, em que os algoritmos de aprendizagem automática são utilizados para prever os valores em falta com base nos dados observados. Esta abordagem pode ser particularmente eficaz para conjuntos de dados com relações complexas entre variáveis, uma vez que aproveita a informação presente no conjunto de dados para fazer previsões informadas. No entanto, a modelação preditiva exige uma análise cuidadosa da seleção e validação do modelo para garantir resultados de imputação fiáveis.

Para além de tratar os valores em falta, a limpeza de dados também envolve a identificação e correção de erros ou inconsistências no conjunto de dados. Isto pode incluir a deteção de valores anómalos, entradas erradas ou inconsistências nos formatos dos dados. Podem ser utilizadas várias técnicas, como a visualização, a análise estatística e o conhecimento do domínio, para identificar e resolver estes problemas. A limpeza de dados é um processo iterativo que requer uma atenção cuidadosa aos pormenores e uma validação minuciosa para garantir a qualidade e a integridade do conjunto de dados final.

A importância da limpeza dos dados e do tratamento dos valores em falta não pode ser sobrestimada, uma vez que tem um impacto direto no desempenho e na fiabilidade dos modelos de aprendizagem automática. Um conjunto de dados limpo e bem pré-processado estabelece as bases para um treino exato do modelo e um desempenho preditivo robusto. Além disso, práticas adequadas de limpeza de dados contribuem para a reprodutibilidade e transparência na análise de dados, permitindo que outros investigadores repliquem e validem os resultados.

Em conclusão, a limpeza dos dados e o tratamento dos valores em falta são passos fundamentais na fase de pré-processamento dos dados de qualquer projeto de aprendizagem automática. Ao identificar e tratar os valores em falta e os erros de dados, os investigadores podem garantir a exatidão, fiabilidade e integridade das suas análises. Além disso, as práticas eficazes de limpeza de dados contribuem para o desenvolvimento de modelos de aprendizagem automática robustos e fiáveis, lançando as bases para conhecimentos significativos e tomadas de decisão informadas.

3.2. Seleção e extração de características

A seleção e a extração de características são etapas fundamentais no domínio da aprendizagem automática, com potencial para melhorar significativamente o desempenho e a interpretabilidade dos modelos. Estes processos funcionam como filtros, discernindo a informação mais pertinente de vastos conjuntos de dados, atenuando assim a maldição da dimensionalidade e melhorando a eficiência computacional. Através da seleção de características, os atributos redundantes ou irrelevantes são eliminados, concentrando a atenção do modelo nas características mais discriminativas. Este processo seletivo não só simplifica o cálculo, como também ajuda a combater o sobreajuste, promovendo a generalização em diversos conjuntos de dados. Além disso, a extração de características transcende a mera seleção, gerando novas representações que encapsulam a estrutura subjacente dos dados. Ao transformar os dados brutos num formato mais compacto e informativo, a extração de características facilita uma compreensão mais profunda dos padrões subjacentes, promovendo modelos de aprendizagem mais robustos e eficazes.

As técnicas de seleção de características englobam um espetro de abordagens, que vão desde os métodos de filtro, de invólucro e incorporados, cada um adaptado a diferentes conjuntos de dados e objectivos. Os métodos de filtro avaliam as características independentemente do algoritmo de aprendizagem, tirando partido de medidas estatísticas como a correlação ou o ganho de informação para classificar e selecionar características. Por outro lado, os métodos de invólucro avaliam os subconjuntos de características avaliando diretamente o seu impacto no desempenho do modelo, empregando técnicas como a seleção avançada ou a eliminação recursiva de características. Os métodos incorporados integram perfeitamente a seleção de características no processo de treino do modelo, optimizando iterativamente os subconjuntos de características durante o treino, produzindo assim modelos inerentemente adaptados aos dados em questão.

A extração de características, por outro lado, funciona através da transformação do espaço de características original numa representação de dimensão inferior, captando a informação saliente e eliminando o ruído e a redundância. A análise de componentes principais (PCA), por exemplo, procura projecções ortogonais dos dados que maximizem a variância, condensando dados de elevada dimensão num subespaço mais pequeno. Do mesmo modo, métodos como a decomposição do valor singular (SVD) e a incorporação de vizinhos estocásticos distribuídos em t (t-SNE) oferecem ferramentas poderosas para a redução não linear da dimensionalidade, permitindo a visualização e a interpretação de conjuntos de dados complexos. Ao destilar a essência dos dados para uma forma mais digerível, a extração de características facilita uma aprendizagem mais eficiente, permitindo aos modelos discernir padrões subtis e generalizar de forma mais eficaz em diversos conjuntos de dados.

Além disso, a aplicação criteriosa de técnicas de seleção e extração de características tem o potencial de desbloquear conhecimentos latentes enterrados nos dados, permitindo que os profissionais extraiam o máximo valor dos seus conjuntos de dados. Ao destilar o sinal do ruído, estes processos revelam a estrutura subjacente e as relações inerentes aos dados, iluminando caminhos para a obtenção de conhecimentos accionáveis e a tomada de decisões informadas. Em domínios que vão desde os cuidados de saúde e finanças até ao marketing e outros, a capacidade de identificar e aproveitar as características mais informativas é fundamental para retirar conclusões significativas e obter resultados tangíveis. Assim, o domínio das técnicas de seleção e extração de características não só eleva o desempenho do modelo, como também permite que os profissionais naveguem pelas complexidades dos problemas do mundo real com confiança e eficácia.

No entanto, é imperativo reconhecer os desafios inerentes e as soluções de compromisso associadas à seleção e extração de características. A procura de subconjuntos de características óptimas exige uma consideração cuidadosa de factores como a complexidade do modelo, a sobrecarga computacional e o risco de perda de informação. Além disso, a eficácia destas técnicas pode variar consoante os diferentes conjuntos de dados e tarefas de aprendizagem, o que exige uma compreensão diferenciada dos seus pontos fortes e limitações. Como tal, é essencial uma abordagem holística que integre os conhecimentos do domínio com a proeza algorítmica para navegar eficazmente no panorama matizado da engenharia de características.

Em conclusão, a seleção e a extração de características são ferramentas indispensáveis no arsenal da aprendizagem automática, permitindo aos profissionais extrair conhecimentos úteis do dilúvio de dados que inundam as aplicações modernas. Através de uma combinação judiciosa de rigor estatístico, destreza computacional e experiência no domínio, estas técnicas permitem aos profissionais aproveitar todo o potencial dos seus conjuntos de dados, impulsionando a inovação e promovendo mudanças transformadoras em diversos domínios. À medida que continuamos a desvendar os mistérios dos conjuntos de dados complexos e a enfrentar os desafios dos problemas do mundo real, o domínio das técnicas de seleção e extração de características continuará a ser uma pedra angular da prática eficaz da aprendizagem automática, guiando-nos para um futuro definido pela inteligência, pela perceção e pelo impacto.

3.3. Técnicas de redução da dimensionalidade

As técnicas de redução da dimensionalidade desempenham um papel fundamental no domínio da aprendizagem automática, oferecendo soluções elegantes para um dos desafios mais comuns: a maldição da dimensionalidade. Com os conjuntos de dados a crescerem exponencialmente em tamanho e complexidade, os algoritmos tradicionais lutam frequentemente para manter a eficiência e a precisão. As técnicas de redução da dimensionalidade oferecem uma solução, condensando dados de elevada dimensão numa forma mais fácil de gerir, sem sacrificar informações cruciais. Ao eliminar características redundantes ou irrelevantes, estas técnicas não só aumentam a eficiência computacional, como também atenuam problemas como o sobreajuste, que pode prejudicar o desempenho dos modelos.

A análise de componentes principais (PCA) é uma das técnicas fundamentais na redução da dimensionalidade, aproveitando transformações lineares para projetar dados num subespaço de dimensão inferior, preservando a variância. Através da decomposição de valores próprios, a PCA identifica os componentes principais que captam as variações mais significativas nos dados, permitindo a representação de conjuntos de dados complexos num espaço reduzido. Isso facilita a visualização, a interpretação e o treinamento de modelos, tornando a PCA uma pedra angular na análise exploratória de dados e nos pipelines de engenharia de recursos.

Outra técnica proeminente, t-Distributed Stochastic Neighbor Embedding (t-SNE), destaca-se na visualização de dados de elevada dimensão, mapeando-os para um espaço de dimensão inferior, preservando as estruturas locais. Ao contrário do PCA, o t-SNE concentra-se na captura de semelhanças de pares entre pontos de dados, o que o torna particularmente eficaz para tarefas como o agrupamento e a aprendizagem múltipla. Ao revelar padrões e clusters subjacentes, o t-SNE permite aos analistas obter informações mais profundas sobre a estrutura de conjuntos de dados complexos, ajudando em tarefas que vão desde a deteção de anomalias ao reconhecimento de padrões.

As técnicas de redução da dimensionalidade não linear, como o Isomap e o Locally Linear Embedding (LLE), oferecem abordagens alternativas para captar relações complexas nos dados que a PCA pode ignorar. O Isomap, por exemplo, aproveita as distâncias geodésicas para construir uma representação de baixa dimensão dos dados, tendo em conta as estruturas de colectores não lineares. A LLE, por outro lado, preserva as relações locais reconstruindo os pontos de dados como combinações lineares dos seus vizinhos, descobrindo assim geometrias intrínsecas escondidas em espaços de elevada dimensão. Estas técnicas revelam-se inestimáveis em cenários em que os métodos lineares, como o PCA, não conseguem captar eficazmente as estruturas subjacentes.

Apesar da sua eficácia, as técnicas de redução da dimensionalidade não estão isentas de limitações. Há que ter o cuidado de encontrar um equilíbrio entre a redução da dimensionalidade e a preservação da informação, uma vez que uma redução excessiva pode levar à perda de informação crítica. Além disso, a escolha da técnica deve estar de acordo com as características específicas do conjunto de dados e os objectivos da análise. Além disso, algumas técnicas podem sofrer de problemas de escalabilidade quando aplicadas a grandes conjuntos de dados, o que exige uma análise cuidadosa dos recursos computacionais e da complexidade algorítmica.

Olhando para o futuro, a evolução das técnicas de redução da dimensionalidade é promissora para enfrentar os desafios emergentes na era dos grandes volumes de dados e dos espaços de elevada dimensão. Os avanços na aprendizagem múltipla, as abordagens baseadas na aprendizagem profunda e os métodos híbridos estão preparados para melhorar a escalabilidade, a interpretabilidade e a adaptabilidade das técnicas de redução da dimensionalidade. Além disso, as colaborações interdisciplinares entre investigadores de aprendizagem automática, especialistas no domínio e profissionais irão alimentar a inovação e promover o desenvolvimento de soluções adaptadas a diversos domínios de aplicação.

Em conclusão, as técnicas de redução da dimensionalidade são ferramentas indispensáveis no conjunto de ferramentas de aprendizagem automática, permitindo aos profissionais navegar nas complexidades dos dados de elevada dimensão e extrair conhecimentos significativos. Ao aproveitar o poder da redução da dimensionalidade, tanto os investigadores como os profissionais podem desbloquear novas possibilidades para resolver problemas do mundo real, impulsionando o progresso em domínios que vão desde os cuidados de saúde e finanças à robótica e muito mais. À medida que continuamos a alargar os limites da IA e da aprendizagem automática, as técnicas de redução da dimensionalidade permanecerão na vanguarda, permitindo-nos retirar inteligência acionável do mar de dados em constante expansão.

Conclusão:

No domínio da aprendizagem automática, a importância do pré-processamento de dados e da engenharia de características não pode ser exagerada. Tal como explorámos em profundidade ao longo desta secção, estes processos fundamentais estabelecem as bases para a criação de modelos robustos e precisos que podem resolver eficazmente os problemas do mundo real.

A limpeza dos dados e o tratamento dos valores em falta são os passos iniciais deste percurso, em que uma atenção meticulosa aos pormenores garante a integridade e a qualidade do conjunto de dados. Ao identificar e retificar inconsistências, valores anómalos e valores nulos, abrimos caminho para uma formação e inferência de modelos mais fiáveis. Além disso, a adoção de técnicas de imputação adequadas não só atenua o impacto dos dados em falta, como também preserva a riqueza da informação codificada no conjunto de dados.

A seleção e extração de características são etapas fundamentais que exigem um equilíbrio delicado entre relevância e dimensionalidade. Através de uma exploração e análise cuidadosas, esforçamo-nos por identificar os atributos mais informativos que contribuem significativamente para a capacidade de previsão dos nossos modelos. Quer seja através do conhecimento do domínio, de métodos estatísticos ou de abordagens algorítmicas, o objetivo mantém-se consistente: destilar a essência dos dados num conjunto conciso mas potente de características que captem os padrões e as relações subjacentes.

As técnicas de redução da dimensionalidade oferecem um meio poderoso de lidar com a maldição da dimensionalidade, em que o grande volume de características pode sobrecarregar o processo de aprendizagem e levar a uma diminuição do desempenho do modelo. Ao projetar dados de elevada dimensão em subespaços de dimensão inferior, preservando a informação essencial, técnicas como a análise de componentes principais (PCA), a incorporação de vizinhos estocásticos distribuídos em t (t-SNE) e a decomposição do valor singular (SVD) permitem-nos navegar em conjuntos de dados complexos com maior eficiência e eficácia.

Essencialmente, o pré-processamento de dados e a engenharia de características são a pedra angular dos esforços bem sucedidos de aprendizagem automática, moldando a trajetória do desenvolvimento do modelo e, em última análise, determinando a sua eficácia em aplicações do mundo real. À medida que continuamos a aprofundar os meandros destes processos e a adotar metodologias e tecnologias emergentes, mantenhamo-nos firmes no nosso compromisso de extrair dos dados informações accionáveis e de as aproveitar para enfrentar a miríade de desafios e oportunidades que temos pela frente. Através de um aperfeiçoamento e inovação contínuos, podemos libertar todo o potencial das máquinas de aprendizagem e inaugurar um futuro definido pela inteligência, engenho e impacto.

Capítulo 4. Técnicas de aprendizagem supervisionada e técnicas de aprendizagem não supervisionada

Introdução:

As técnicas de aprendizagem supervisionada são a pedra angular da inteligência artificial moderna, oferecendo um quadro robusto para a modelação preditiva e o reconhecimento de padrões. Através de um processo meticuloso de aprendizagem a partir de dados rotulados, os algoritmos supervisionados decifram as relações subjacentes entre as variáveis de entrada e os resultados correspondentes. A análise de regressão, um método proeminente de aprendizagem supervisionada, facilita a previsão de resultados contínuos através do ajuste de funções matemáticas aos pontos de dados observados. Entretanto, os algoritmos de classificação são excelentes na categorização de dados em classes discretas, permitindo aplicações que vão desde a deteção de spam ao diagnóstico médico. Estas técnicas são ainda reforçadas por uma série de métricas de avaliação, incluindo a exatidão, a precisão, a recuperação e a pontuação F1, que permitem aos profissionais avaliar o desempenho e as capacidades de generalização dos seus modelos.

Em contraste com a aprendizagem supervisionada, as técnicas de aprendizagem não supervisionada aventuram-se nos territórios inexplorados dos dados brutos e não rotulados, extraindo percepções e estruturas significativas sem orientação explícita. Os algoritmos de agrupamento, como o K-means e o agrupamento hierárquico, agrupam pontos de dados com base em semelhanças inerentes, revelando padrões e agrupamentos ocultos em conjuntos de dados complexos. As técnicas de redução da dimensionalidade, como a análise de componentes principais (PCA) e a incorporação de vizinhos estocásticos t-distribuídos (t-SNE), simplificam os dados de elevada dimensão em representações de dimensão inferior, facilitando a visualização e a compreensão. Além disso, a aprendizagem de regras de associação revela relações intrínsecas e dependências entre variáveis, descobrindo associações valiosas em conjuntos de dados transaccionais. Ao renunciar à dependência de dados rotulados, as técnicas de aprendizagem não supervisionada apresentam um conjunto de ferramentas versátil para a análise exploratória de dados e a deteção de anomalias, permitindo que os sistemas de IA obtenham conhecimentos a partir de vastas faixas de informação não anotada.

No domínio das técnicas de aprendizagem supervisionada, o caminho para a mestria envolve não só a compreensão dos meandros dos algoritmos, mas também a navegação pelas nuances do pré-processamento de dados, da engenharia de características e da avaliação de modelos. À medida que os profissionais se debruçam sobre as tarefas de regressão e classificação, têm de enfrentar os desafios do sobreajuste, do subajuste e da seleção de modelos, procurando um equilíbrio delicado entre complexidade e generalização. Além disso, o advento dos métodos de conjunto, como as florestas aleatórias e as máquinas de gradiente crescente, sublinha a importância de aproveitar a inteligência colectiva de diversos modelos para aumentar a precisão e a robustez da previsão. No meio da paisagem em constante evolução da aprendizagem automática, a aprendizagem e a experimentação contínuas servem de faróis orientadores, promovendo a inovação e o aperfeiçoamento das metodologias de aprendizagem supervisionada.

Na fronteira das técnicas de aprendizagem não supervisionada, a procura da compreensão e da extração de estruturas a partir de dados não anotados incita os investigadores e os profissionais a aventurarem-se para além dos limites dos conjuntos de dados rotulados. No domínio do agrupamento, a procura de uma partição óptima e de métricas de validade de agrupamento impulsiona o desenvolvimento de novos algoritmos adaptados a diversas modalidades de dados e requisitos de escalabilidade. Simultaneamente, as técnicas de redução da dimensionalidade oferecem uma perspetiva através da qual os dados de elevada dimensão podem ser destilados em representações interpretáveis, lançando luz sobre padrões e relações intrínsecos. Além disso, a sinergia entre os paradigmas de aprendizagem não supervisionada e supervisionada catalisa avanços na aprendizagem semi-supervisionada, na aprendizagem auto-supervisionada e na modelação generativa, esbatendo as fronteiras entre dados rotulados e não rotulados e abrindo novas fronteiras na IA.

À medida que percorremos o panorama das técnicas de aprendizagem supervisionada e não supervisionada, torna-se evidente que a sinergia entre estes paradigmas é a chave para desbloquear todo o potencial da inteligência artificial. Quer se trate de prever resultados futuros a partir de dados rotulados ou de descobrir estruturas ocultas em conjuntos de dados não anotados, as máquinas de aprendizagem oferecem uma panóplia de ferramentas e técnicas para resolver problemas do mundo real com uma eficácia sem paralelo. No entanto, com grande poder vem grande responsabilidade, exigindo uma postura vigilante contra armadilhas éticas, preconceitos e consequências não intencionais. Ao promover a colaboração interdisciplinar, a gestão ética e o empenhamento na aprendizagem ao longo da vida, podemos aproveitar o poder transformador da IA para forjar um futuro mais brilhante e mais equitativo para a humanidade.

4.1. Análise de regressão

A análise de regressão é um dos pilares fundamentais no vasto panorama da aprendizagem automática e da modelação estatística. Na sua essência, a análise de regressão é um método poderoso utilizado para compreender a relação entre uma variável dependente e uma ou mais variáveis independentes. A sua versatilidade e aplicabilidade em vários domínios tornam-na indispensável na resolução de uma miríade de problemas do mundo real.

Um dos principais pontos fortes da análise de regressão reside na sua capacidade de fornecer informações valiosas sobre os padrões e tendências subjacentes presentes nos dados. Ao ajustar um modelo de regressão aos pontos de dados observados, os analistas podem descobrir a relação funcional entre as variáveis, permitindo-lhes assim fazer previsões e tomar decisões informadas. Quer se trate de prever os valores das vendas com base nas despesas de publicidade ou de estimar o impacto dos factores ambientais no rendimento das culturas, a análise de regressão é uma ferramenta fiável para compreender fenómenos complexos.

Além disso, a análise de regressão oferece um quadro sistemático para o teste de hipóteses e a avaliação de modelos. Através de testes estatísticos como o teste F e o teste t, os analistas podem avaliar o significado de preditores individuais e o ajuste global do modelo, assegurando assim a robustez e a fiabilidade das suas conclusões. Esta abordagem rigorosa à validação do modelo é essencial para garantir que as ideias derivadas da análise de regressão não são meros artefactos de variação aleatória, mas reflectem relações genuínas nos dados.

Para além das suas capacidades preditivas, a análise de regressão também fornece ferramentas de diagnóstico valiosas para identificar potenciais fontes de enviesamento ou de má especificação do modelo. Técnicas como a análise residual e a deteção de multicolinearidade permitem que os analistas examinem os pressupostos subjacentes aos seus modelos e identifiquem áreas a melhorar. Ao aperfeiçoar iterativamente os seus modelos com base no feedback de diagnóstico, os analistas podem melhorar a precisão e a generalização das suas análises de regressão, produzindo assim conhecimentos mais fiáveis para efeitos de tomada de decisões.

Além disso, a análise de regressão oferece um quadro versátil que pode acomodar uma vasta gama de tipos de dados e cenários de modelação. Quer se trate de dados contínuos, categóricos ou de contagem, as técnicas de regressão como a regressão linear, a regressão logística e a regressão de Poisson fornecem ferramentas flexíveis para modelar diversos fenómenos. Além disso, a incorporação de termos polinomiais, efeitos de interação e transformações não lineares permite aos analistas captar relações complexas que desafiam padrões lineares simples, aumentando assim o poder explicativo dos seus modelos.

Para além da sua utilidade prática, a análise de regressão também serve como ferramenta pedagógica para introduzir estudantes e profissionais nos princípios da inferência estatística e da modelação preditiva. Ao desmistificar conceitos como a estimativa de parâmetros, o teste de hipóteses e a interpretação de modelos, a análise de regressão permite que os indivíduos naveguem pelas complexidades dos dados do mundo real e tomem decisões baseadas em factos. Além disso, as visualizações intuitivas e os gráficos de diagnóstico gerados durante o processo de modelação da regressão servem como ajudas valiosas para comunicar informações às partes interessadas e promover uma compreensão mais profunda dos fenómenos subjacentes.

No entanto, apesar dos seus muitos pontos fortes, a análise de regressão tem as suas limitações e advertências. Pressupostos como a linearidade, a homocedasticidade e a independência dos erros devem ser cuidadosamente avaliados e, se forem violados, devem ser tratados através de medidas correctivas adequadas. Além disso, a presença de valores anómalos, observações influentes e variáveis de confusão pode introduzir enviesamentos e distorções que comprometem a validade dos resultados da regressão. Por conseguinte, os analistas devem ser cautelosos e utilizar técnicas robustas, como a regressão robusta e a modelação hierárquica, para atenuar o impacto de tais desafios.

Em conclusão, a análise de regressão é uma pedra angular da modelação estatística, oferecendo um quadro poderoso para compreender as relações, fazer previsões e informar a tomada de decisões numa vasta gama de domínios. A sua versatilidade, interpretabilidade e capacidade de diagnóstico fazem dela uma ferramenta indispensável no conjunto de ferramentas dos cientistas de dados, analistas e investigadores. Ao tirar partido dos princípios da análise de regressão de forma eficaz, os profissionais podem obter informações valiosas a partir dos seus dados, impulsionando assim a inovação, informando as políticas e fazendo avançar os conhecimentos nos respectivos domínios.

4.2. Algoritmo de classificação

Os algoritmos de classificação são a base da aprendizagem automática, desempenhando um papel fundamental em inúmeras aplicações do mundo real. Estes algoritmos são concebidos para atribuir pontos de dados de entrada a categorias ou classes predefinidas com base nas suas características. Essencialmente, permitem a criação de modelos capazes de prever as etiquetas de classe de instâncias de dados novas e não vistas com um elevado grau de precisão. A importância dos algoritmos de classificação estende-se a vários domínios, incluindo os cuidados de saúde, as finanças, o marketing e outros, onde ajudam nos processos de tomada de decisões, no reconhecimento de padrões e na avaliação de riscos.

Um dos aspectos fundamentais dos algoritmos de classificação é a sua capacidade de distinguir entre diferentes classes num conjunto de dados. As técnicas de aprendizagem supervisionada, como a regressão logística, as árvores de decisão e as máquinas de vectores de suporte (SVM), são normalmente utilizadas para este fim. A regressão logística, por exemplo, é adequada para tarefas de classificação binária, em que modela a probabilidade de uma entrada pertencer a uma determinada classe. As árvores de decisão, por outro lado, oferecem uma representação intuitiva dos processos de tomada de decisão, dividindo o espaço de características em regiões distintas correspondentes a classes diferentes. Entretanto, as SVMs são excelentes na separação de pontos de dados através da construção de hiperplanos que maximizam a margem entre classes.

Além disso, o advento da aprendizagem profunda revolucionou o campo da classificação, introduzindo poderosas arquitecturas de redes neuronais, como as redes neuronais convolucionais (CNN) e as redes neuronais recorrentes (RNN). As CNNs são particularmente eficazes em tarefas de classificação de imagens, aproveitando a extração de características hierárquicas através de camadas convolucionais para aprender padrões e estruturas intrincados dentro das imagens. As RNNs, por outro lado, são adequadas para a classificação de dados sequenciais, o que as torna indispensáveis em tarefas de processamento de linguagem natural (PNL), como a análise de sentimentos e a classificação de textos.

Apesar da sua eficácia, os algoritmos de classificação não estão isentos de desafios. Um problema proeminente é o desequilíbrio de classes, em que certas classes estão significativamente sub-representadas no conjunto de dados, levando a modelos tendenciosos. O sobreajuste, outra preocupação comum, ocorre quando um modelo aprende a memorizar os dados de treino em vez de generalizar para instâncias não vistas. Para enfrentar estes desafios, é necessário considerar cuidadosamente as técnicas de pré-processamento de dados, a engenharia de características e as estratégias de avaliação de modelos para garantir a robustez e a fiabilidade dos modelos de classificação.

Olhando para o futuro, a evolução dos algoritmos de classificação deverá continuar, impulsionada pelos avanços na capacidade computacional, pelas inovações algorítmicas e pela disponibilidade de grandes quantidades de dados. Técnicas como a aprendizagem em conjunto, a meta-aprendizagem e a aprendizagem federada são promissoras para melhorar ainda mais o desempenho e a escalabilidade dos modelos de classificação. Além disso, a integração da IA com outras tecnologias emergentes, como a computação de ponta e a cadeia de blocos, abre novos caminhos para a implementação de algoritmos de classificação em ambientes descentralizados e com recursos limitados.

Em conclusão, os algoritmos de classificação representam uma pedra angular da aprendizagem automática, capacitando os processos de tomada de decisão e permitindo que os sistemas inteligentes categorizem e interpretem dados complexos. Dos métodos estatísticos tradicionais às abordagens de ponta da aprendizagem profunda, o arsenal de técnicas de classificação continua a expandir-se, oferecendo soluções versáteis para uma miríade de desafios do mundo real. À medida que navegamos no cenário em constante mudança da tecnologia e dos dados, a busca para refinar e melhorar os algoritmos de classificação continua a ser fundamental para desbloquear todo o potencial da inteligência artificial para a melhoria da sociedade.

4.3. Algoritmo de agrupamento

Os algoritmos de agrupamento são pilares no panorama da aprendizagem automática, oferecendo ferramentas indispensáveis para descobrir estruturas ocultas nos dados. Estes algoritmos, caracterizados pela sua capacidade de agrupar pontos de dados em clusters com base na semelhança, desempenham um papel fundamental em diversos domínios, como a análise de dados, o reconhecimento de padrões e a deteção de anomalias. Um dos atractivos fundamentais do agrupamento reside na sua natureza não supervisionada, permitindo a exploração de dados sem a necessidade de exemplos rotulados. Através de metodologias matemáticas complexas, os algoritmos de agrupamento mergulham nas nuances intrincadas dos dados, revelando padrões e relações subjacentes que, de outra forma, poderiam permanecer obscuros.

No cerne dos algoritmos de agrupamento está a procura de coesão e separação, com o objetivo de formar agrupamentos em que os pontos de dados de cada grupo sejam semelhantes entre si e, ao mesmo tempo, distintos dos de outros agrupamentos. Este delicado ato de equilíbrio exige que os algoritmos naveguem através de vastas dimensões do espaço de dados, discernindo diferenças e semelhanças subtis para criar agrupamentos significativos. Desde técnicas clássicas como o K-means e o agrupamento hierárquico até abordagens mais sofisticadas como o DBSCAN e o agrupamento espetral, existe uma grande variedade de métodos, cada um adaptado às características específicas dos dados e aos domínios problemáticos.

A versatilidade dos algoritmos de agrupamento estende-se a uma multiplicidade de domínios, oferecendo conhecimentos e soluções valiosos para uma série de desafios do mundo real. No marketing, o agrupamento ajuda na segmentação de clientes, permitindo às empresas adaptar produtos e estratégias de marketing a grupos de consumidores distintos. Na biologia, as técnicas de agregação são fundamentais na classificação de sequências genéticas e na identificação de padrões em conjuntos de dados biológicos, facilitando os avanços na investigação genómica e na medicina personalizada. Além disso, na deteção de anomalias e de fraudes, os algoritmos de agregação funcionam como sentinelas vigilantes, assinalando padrões invulgares e desvios da norma.

No entanto, apesar da sua utilidade e adoção generalizada, os algoritmos de agrupamento não estão isentos de desafios e limitações. A sensibilidade aos parâmetros iniciais, a suscetibilidade ao ruído e a maldição da dimensionalidade são alguns dos obstáculos que os profissionais têm de enfrentar. Além disso, a interpretabilidade dos resultados dos agrupamentos pode ser uma faca de dois gumes, uma vez que a natureza subjectiva da definição dos agrupamentos pode levar a ambiguidades e interpretações variáveis. As considerações éticas também entram em jogo, particularmente no que respeita às preocupações com a privacidade e à possibilidade de se manifestarem enviesamentos não intencionais nos modelos de agrupamento.

Olhando para o futuro, o futuro dos algoritmos de agrupamento promete mais inovação e aperfeiçoamento, alimentados por avanços no poder computacional, na conceção de algoritmos e na colaboração interdisciplinar. As abordagens híbridas que combinam os pontos fortes de várias técnicas de agrupamento estão prestes a surgir, oferecendo soluções mais robustas e adaptáveis a desafios de dados complexos. Além disso, a integração do agrupamento com outros paradigmas de aprendizagem automática, como a aprendizagem por reforço e a aprendizagem profunda, tem o potencial de desbloquear novas fronteiras na aprendizagem não supervisionada.

Em conclusão, os algoritmos de agregação são ferramentas indispensáveis no arsenal da aprendizagem automática, permitindo que os profissionais revelem estruturas ocultas nos dados e extraiam conhecimentos accionáveis. O seu impacto estende-se a uma miríade de domínios, impulsionando a inovação e facilitando a tomada de decisões, tanto no meio académico como na indústria. À medida que nos aventuramos numa era definida pela abundância e complexidade dos dados, o papel dos algoritmos de agrupamento continuará a evoluir, moldando o panorama da inteligência artificial e permitindo descobertas transformadoras que impulsionam a sociedade.

Conclusão:

Nesta exploração abrangente das técnicas de aprendizagem supervisionada e não supervisionada, aprofundámos os pilares fundamentais da aprendizagem automática. Através das lentes da análise de regressão, dos algoritmos de classificação e das técnicas de agrupamento, testemunhámos o poder transformador das abordagens baseadas em dados na compreensão e no aproveitamento de padrões complexos no nosso mundo.

As técnicas de aprendizagem supervisionada, sintetizadas pela análise de regressão e pelos algoritmos de classificação, oferecem um quadro estruturado para a previsão e a tomada de decisões. A análise de regressão permite-nos modelar a relação entre variáveis, fornecendo informações sobre resultados contínuos e facilitando a previsão em vários domínios, desde as finanças aos cuidados de saúde. Entretanto, os algoritmos de classificação permitem-nos classificar os pontos de dados em categorias distintas, abrindo caminho a aplicações como o reconhecimento de imagens, a deteção de fraudes e a análise de sentimentos. Estas técnicas, reforçadas pelos avanços nas redes neuronais e na aprendizagem profunda, continuam a alargar os limites do que é possível alcançar na modelação preditiva e no reconhecimento de padrões.

Por outro lado, as técnicas de aprendizagem não supervisionada, nomeadamente os algoritmos de agrupamento, oferecem uma perspetiva através da qual podemos descobrir estruturas ocultas em dados não rotulados. Ao identificar agrupamentos ou clusters inerentes, obtemos informações valiosas sobre a organização subjacente dos nossos conjuntos de dados, permitindo a tomada de decisões direccionadas e estratégias de segmentação. Desde a segmentação de clientes em marketing até à deteção de anomalias em cibersegurança, as técnicas de agrupamento são ferramentas valiosas para extrair padrões significativos de conjuntos de dados grandes e complexos, mesmo na ausência de rótulos explícitos.

À medida que reflectimos sobre o significado das técnicas de aprendizagem supervisionada e não supervisionada, torna-se evidente que a sua integração em aplicações do mundo real é extremamente promissora para resolver alguns dos desafios mais prementes que a sociedade enfrenta atualmente. Quer se trate de prever surtos de doenças, otimizar cadeias de abastecimento ou personalizar experiências de utilizador, a capacidade de tirar partido de conhecimentos baseados em dados oferece oportunidades sem precedentes para a inovação e o progresso.

No entanto, com esta oportunidade vem a responsabilidade de navegar pelas implicações éticas e sociais da tomada de decisões baseada em IA. Desde a garantia de equidade e transparência nos resultados algorítmicos até à salvaguarda da privacidade e da segurança dos dados, é imperativo que abordemos a implementação destas técnicas com uma consideração cuidadosa dos seus impactos mais alargados nos indivíduos e nas comunidades.

Olhando para o futuro, o futuro da aprendizagem supervisionada e não supervisionada tem um potencial ilimitado. À medida que os algoritmos se tornam cada vez mais sofisticados e os ecossistemas de dados continuam a evoluir, podemos antecipar avanços ainda maiores na nossa capacidade de extrair conhecimentos dos dados e de os utilizar para promover mudanças significativas. Ao adotar uma cultura de aprendizagem e colaboração contínuas, podemos aproveitar todo o poder das máquinas de aprendizagem para enfrentar os desafios complexos do nosso tempo e construir um futuro mais brilhante e mais equitativo para todos.

Capítulo 5. Considerações éticas e desafios

Introdução:

As considerações e os desafios éticos no domínio da IA são fundamentais para garantir que os avanços tecnológicos servem para melhorar a sociedade sem causar danos ou perpetuar preconceitos. Estas considerações englobam uma multiplicidade de factores que vão desde a justiça e a responsabilidade dos algoritmos até à proteção da privacidade e da segurança dos dados dos indivíduos. À medida que nos aprofundamos no panorama ético, surgem vários desafios fundamentais, cada um exigindo uma navegação cuidadosa e medidas proactivas para atenuar os seus potenciais impactos negativos.

Um dos principais desafios é o enviesamento inerente presente nos conjuntos de dados utilizados para treinar modelos de IA. Estes enviesamentos, que reflectem frequentemente as desigualdades sociais, podem conduzir a resultados discriminatórios, agravando ainda mais as disparidades existentes. Para enfrentar este desafio, é necessário não só identificar e atenuar os enviesamentos nos conjuntos de dados, mas também implementar mecanismos que garantam a equidade e a inclusão nos sistemas de IA.

As preocupações com a privacidade e a segurança assumem grande importância na era da recolha e análise de dados omnipresentes. À medida que os algoritmos de IA se tornam cada vez mais sofisticados na sua capacidade de processar grandes quantidades de informações pessoais, há uma necessidade premente de estabelecer salvaguardas sólidas para proteger os direitos de privacidade dos indivíduos. É essencial encontrar um equilíbrio entre os benefícios das percepções baseadas em dados e a proteção de informações sensíveis para manter os padrões éticos no desenvolvimento e implementação da IA.

A responsabilidade e a transparência são princípios fundamentais que sustentam práticas éticas de IA. No entanto, a natureza complexa dos algoritmos de IA torna muitas vezes difícil rastrear o processo de tomada de decisão e atribuir responsabilidades em casos de consequências não intencionais ou danos. O estabelecimento de quadros de responsabilização e a garantia de transparência na tomada de decisões algorítmicas são passos fundamentais para promover a confiança nas tecnologias de IA.

As implicações éticas da IA vão para além das considerações técnicas e abrangem impactos sociais mais amplos. As questões relacionadas com a deslocação de postos de trabalho, a desigualdade económica e o aumento do fosso digital sublinham a necessidade de abordagens holísticas à governação da IA. Ao envolver as partes interessadas de diversas origens e disciplinas em diálogos éticos e processos de tomada de decisão, podemos lutar pelo desenvolvimento equitativo e responsável das tecnologias de IA.

Além disso, o ritmo acelerado dos avanços tecnológicos exige uma reflexão e uma adaptação éticas contínuas. À medida que os sistemas de IA se integram cada vez mais em vários aspectos das nossas vidas, as considerações éticas devem evoluir a par do progresso tecnológico. Isto requer uma colaboração interdisciplinar contínua, supervisão regulamentar e envolvimento do público para antecipar e abordar proactivamente os desafios éticos emergentes.

Em conclusão, navegar na paisagem ética da IA requer uma abordagem multifacetada que dê prioridade à justiça, à privacidade, à responsabilidade e ao bem-estar da sociedade. Ao adotar os princípios éticos como pilares orientadores no desenvolvimento e implantação da IA, podemos aproveitar o potencial transformador da tecnologia para criar um futuro mais equitativo e inclusivo para todos. À medida que continuamos a enfrentar desafios éticos e incertezas, mantenhamo-nos vigilantes no nosso compromisso de defender padrões éticos e promover a inovação responsável na busca de um amanhã melhor.

5.1. Preconceito e equidade nos modelos de aprendizagem automática

No panorama da aprendizagem automática, a questão do enviesamento e da equidade constitui um desafio fundamental, exigindo uma compreensão diferenciada e estratégias de atenuação vigilantes. Na sua essência, os preconceitos nos modelos de aprendizagem automática resultam de desigualdades históricas incorporadas nos dados de formação, perpetuando preconceitos e disparidades sociais. Esses preconceitos podem manifestar-se de várias formas, incluindo preconceitos raciais, de género, socioeconómicos e culturais, perpetuando assim injustiças sistémicas quando implementados em aplicações do mundo real. Além disso, a opacidade dos algoritmos complexos agrava o desafio, ocultando padrões discriminatórios e dificultando a responsabilização.

Para combater os preconceitos e garantir a equidade nos modelos de aprendizagem automática é necessária uma abordagem multifacetada, que englobe as dimensões técnica e ética. Em primeiro lugar, devem ser estabelecidos quadros de avaliação rigorosos para avaliar a equidade e a transparência dos modelos em diversos grupos demográficos. Isto implica a utilização de métricas adequadas, como a análise de impacto díspar e algoritmos de aprendizagem conscientes da equidade, para detetar e atenuar os enviesamentos. Além disso, é essencial promover a diversidade e a inclusão na força de trabalho da IA, fomentando uma série de perspectivas para reconhecer e retificar os pressupostos tendenciosos subjacentes ao desenvolvimento de modelos.

Além disso, a transparência e a interpretabilidade surgem como princípios fundamentais no combate ao enviesamento na aprendizagem automática. Ao elucidar o processo de tomada de decisões dos sistemas de IA, as partes interessadas podem examinar e contestar os resultados discriminatórios, promovendo a responsabilização e a confiança. Técnicas como a IA explicável (XAI) e os métodos de interpretabilidade dos modelos permitem aos utilizadores compreender os factores subjacentes que influenciam as previsões dos modelos, facilitando assim intervenções informadas para retificar os enviesamentos. Além disso, a adoção de práticas de dados abertos e de quadros de auditoria algorítmica pode aumentar a transparência e permitir o escrutínio externo, atenuando assim o risco de enviesamentos ocultos.

A par das intervenções técnicas, as considerações éticas devem estar subjacentes à conceção e implementação de modelos de aprendizagem automática para garantir resultados equitativos. A adoção de uma abordagem centrada no ser humano implica dar prioridade ao bem-estar e à dignidade dos indivíduos afectados pelos sistemas de IA, colocando em primeiro plano os princípios de equidade, justiça e respeito pelos direitos humanos. As directrizes éticas e os códigos de conduta, como a Iniciativa Global do IEEE sobre a Ética dos Sistemas Autónomos e Inteligentes, servem como quadros de orientação para navegar em dilemas éticos complexos e proteger contra preconceitos prejudiciais.

Em última análise, o combate ao preconceito e a promoção da equidade nos modelos de aprendizagem automática requerem uma ação colectiva e uma colaboração interdisciplinar entre as partes interessadas, incluindo decisores políticos, investigadores, profissionais da indústria e organizações da sociedade civil. Ao envolvermo-nos num diálogo e colaboração transparentes, podemos desmantelar coletivamente as práticas discriminatórias incorporadas nos sistemas de IA e cultivar um ecossistema que defenda os princípios da equidade, diversidade e inclusão. Abraçar o imperativo da mitigação de preconceitos e da equidade não só protege contra danos, mas também avança a promessa da IA como uma força para o progresso e capacitação da sociedade, abrindo caminho para um futuro mais justo e inclusivo.

5.2. Preocupação com a privacidade e a segurança

As preocupações com a privacidade e a segurança nos modelos de aprendizagem automática tornaram-se primordiais na era da tomada de decisões baseada em dados. À medida que estes modelos penetram cada vez mais em várias facetas das nossas vidas, desde recomendações personalizadas a processos críticos de tomada de decisões, a necessidade de salvaguardar informações sensíveis e garantir a integridade dos sistemas nunca foi tão premente. No centro destas preocupações está o potencial para consequências não intencionais, incluindo violações da privacidade pessoal, discriminação e até manipulação. Assim, é imperativo enfrentar estes desafios de forma abrangente e proactiva.

Uma das principais preocupações na aprendizagem automática é a proteção de dados sensíveis. Com grandes quantidades de informações pessoais a serem recolhidas e utilizadas para modelos de treino, existe um risco acrescido de violações de dados e de acesso não autorizado. Mesmo os dados anónimos podem frequentemente ser reidentificados através de técnicas sofisticadas, representando uma ameaça significativa à privacidade. Por conseguinte, são essenciais medidas robustas de proteção de dados, como a encriptação, os controlos de acesso e as técnicas de anonimização de dados, para atenuar estes riscos e garantir a confidencialidade das informações sensíveis.

Além disso, o potencial de enviesamento e discriminação nos modelos de aprendizagem automática é uma questão crítica que deve ser abordada. Os enviesamentos presentes nos dados de treino podem propagar-se ao longo do processo de aprendizagem, conduzindo a resultados injustos e exacerbando as desigualdades sociais. Por exemplo, os algoritmos tendenciosos nos processos de contratação ou de concessão de empréstimos podem perpetuar as disparidades existentes e minar os esforços no sentido da diversidade e da inclusão. Para combater esta situação, é crucial implementar mecanismos de deteção e atenuação de preconceitos, como algoritmos conscientes da equidade e conjuntos de dados de formação diversificados.

Outra preocupação importante é a suscetibilidade dos modelos de aprendizagem automática a ataques adversários. Estes ataques envolvem a manipulação dos dados de entrada de forma subtil para enganar o modelo e produzir previsões ou classificações incorrectas. Os ataques adversários representam uma ameaça significativa para a segurança e a fiabilidade dos sistemas de IA, em especial em aplicações críticas como os veículos autónomos ou os diagnósticos de saúde. As técnicas de robustez, como a formação adversarial e a higienização de dados, são essenciais para aumentar a resiliência dos modelos de aprendizagem automática contra esses ataques.

Além disso, a transparência e a interpretabilidade dos modelos de aprendizagem automática são essenciais para a responsabilização e a confiança. Os modelos "caixa negra", que carecem de transparência no seu processo de tomada de decisões, suscitam preocupações quanto à equidade e à responsabilidade das decisões tomadas com base na IA. As técnicas de IA explicável (XAI), como a interpretabilidade dos modelos e a análise da importância das características, podem ajudar a esclarecer o funcionamento interno de modelos complexos e permitir que as partes interessadas compreendam e validem as suas decisões.

Para além dos desafios técnicos, existem também considerações legais e regulamentares em torno da privacidade e da segurança na aprendizagem automática. As regulamentações de proteção de dados, como o Regulamento Geral de Proteção de Dados (RGPD) na Europa e a Lei de Privacidade do Consumidor da Califórnia (CCPA) nos Estados Unidos, impõem requisitos rigorosos sobre a recolha, o processamento e o armazenamento de dados pessoais. A conformidade com estes regulamentos é crucial para as organizações que implementam modelos de aprendizagem automática para garantir a conformidade legal e evitar potenciais multas e responsabilidades legais.

Além disso, a colaboração interdisciplinar entre cientistas informáticos, especialistas em ética, decisores políticos e outras partes interessadas é essencial para abordar a natureza multifacetada das preocupações com a privacidade e a segurança na aprendizagem automática. Ao promover o diálogo e a colaboração entre diferentes domínios, podemos desenvolver abordagens holísticas para enfrentar estes desafios e promover o desenvolvimento responsável da IA.

Em conclusão, as preocupações com a privacidade e a segurança nos modelos de aprendizagem automática são questões complexas e multifacetadas que exigem esforços concertados de todas as partes interessadas. Através da implementação de medidas robustas de proteção de dados, da resolução de enviesamentos, do reforço da robustez dos modelos, da garantia de transparência e interpretabilidade e da promoção da colaboração interdisciplinar, podemos ultrapassar estes desafios e criar sistemas de IA fiáveis e eticamente sólidos que beneficiem a sociedade no seu conjunto.

5.3 Responsabilidade e transparência

A responsabilidade e a transparência são considerações fundamentais no desenvolvimento e implementação de modelos de aprendizagem automática. Uma vez que estes modelos influenciam cada vez mais vários aspectos da sociedade, desde decisões financeiras a diagnósticos de cuidados de saúde e muito mais, torna-se imperativo garantir a responsabilidade e a transparência.

Em primeiro lugar, a responsabilização implica a responsabilidade das partes interessadas, incluindo programadores, investigadores e decisores políticos, de garantir que os modelos de aprendizagem automática são concebidos, treinados e implementados de forma ética e responsável. Isto inclui o reconhecimento e a atenuação de preconceitos, a garantia de equidade e o cumprimento de normas legais e éticas. Sem mecanismos claros de responsabilização, o potencial para consequências não intencionais e danos aumenta significativamente.

A transparência, por outro lado, refere-se à abertura e clareza com que os modelos de aprendizagem automática são desenvolvidos, avaliados e implementados. Envolve o fornecimento de documentação clara sobre a arquitetura do modelo, os dados de treino e os processos de tomada de decisão às partes interessadas relevantes, incluindo os utilizadores finais e as autoridades reguladoras. A transparência dos modelos de aprendizagem automática permite uma melhor compreensão, controlo e criação de confiança entre as partes interessadas.

Além disso, a transparência na aprendizagem automática promove a reprodutibilidade e a replicabilidade, permitindo que os investigadores e os profissionais validem e verifiquem os resultados dos modelos existentes. Isto é crucial para fazer avançar o domínio e desenvolver eficazmente o trabalho anterior. O acesso aberto a dados, códigos e metodologias incentiva a colaboração e a inovação, ao mesmo tempo que reduz o risco de erros e enviesamentos passarem despercebidos.

A responsabilidade e a transparência também desempenham um papel fundamental na resposta a preocupações sociais como a privacidade e a proteção de dados. Ao articular claramente as fontes de dados, as técnicas de processamento e as potenciais implicações dos modelos de aprendizagem automática, as partes interessadas podem tomar decisões informadas sobre a partilha de dados e o consentimento. Além disso, os modelos transparentes permitem que os indivíduos compreendam e façam valer os seus direitos relativamente à utilização dos seus dados pessoais.

Além disso, a incorporação da responsabilidade e da transparência no ciclo de vida de desenvolvimento dos modelos de aprendizagem automática melhora as práticas de governação e de gestão do risco. Permite às organizações identificar e mitigar proactivamente os riscos éticos e legais, salvaguardando assim os danos à reputação e as sanções regulamentares. Ao promover uma cultura de responsabilidade e transparência, as organizações podem demonstrar o seu empenho em práticas de IA responsáveis e criar confiança junto das partes interessadas.

No entanto, a obtenção de uma responsabilização e transparência significativas na aprendizagem automática não está isenta de desafios. Complexidades como algoritmos proprietários, processos de tomada de decisão opacos e ecossistemas de dados dinâmicos podem dificultar os esforços para garantir a responsabilização e a transparência de forma eficaz. A resolução destes desafios exige uma abordagem multifacetada que combine intervenções técnicas, regulamentares e culturais.

Em conclusão, a responsabilidade e a transparência são princípios fundamentais que sustentam o desenvolvimento e a implementação responsáveis de modelos de aprendizagem automática. Ao defender estes princípios, as partes interessadas podem mitigar os riscos, promover a confiança e maximizar os benefícios sociais das tecnologias de IA. À medida que o domínio da aprendizagem automática continua a evoluir, é essencial dar prioridade à responsabilização e à transparência para garantir que a IA serve um bem maior, respeitando simultaneamente os valores éticos e os direitos humanos.

Conclusão:

No panorama em rápida evolução da IA e da aprendizagem automática, é imperativo abordar as considerações e os desafios éticos que acompanham estas poderosas tecnologias. Como explorámos em pormenor, há várias questões críticas que exigem a nossa atenção: parcialidade e equidade nos modelos de aprendizagem automática, preocupações com a privacidade e a segurança e os princípios essenciais da responsabilidade e da transparência.

Em primeiro lugar, a questão dos preconceitos e da equidade nos modelos de aprendizagem automática é de extrema importância. Os preconceitos podem infiltrar-se inadvertidamente nos algoritmos devido à natureza dos dados em que são treinados, perpetuando a discriminação e a desigualdade. Reconhecer e mitigar estes preconceitos não é apenas um imperativo moral, mas também crucial para criar confiança nos sistemas de IA. Ao empregar técnicas como a aprendizagem consciente da equidade e a curadoria de conjuntos de dados diversificados, podemos esforçar-nos por obter resultados mais equitativos e garantir que os nossos modelos respeitam as normas éticas.

Em segundo lugar, as preocupações com a privacidade e a segurança assumem grande importância na era da recolha e análise generalizadas de dados. À medida que os sistemas de IA se tornam mais integrados em vários aspectos das nossas vidas, a salvaguarda de informações sensíveis e a proteção da privacidade individual devem ser prioritárias. Métodos de encriptação robustos, técnicas de anonimização de dados e controlos de acesso rigorosos são salvaguardas essenciais contra o acesso não autorizado e a utilização indevida de dados pessoais. Além disso, a promoção de uma cultura de gestão de dados e de conduta ética entre os profissionais é indispensável para manter a confiança do público nas tecnologias de IA.

Por último, os princípios da responsabilidade e da transparência são fundamentais para o desenvolvimento e a implantação responsáveis da IA. As partes interessadas devem ser responsabilizadas pelas decisões tomadas pelos sistemas de IA, especialmente em domínios de grande importância como os cuidados de saúde, a justiça penal e as finanças. A documentação transparente dos processos de decisão, dos pressupostos do modelo e das fontes de dados permite o escrutínio e promove a confiança entre os utilizadores e as comunidades afectadas. Além disso, devem ser criados mecanismos de reparação e recurso para lidar com casos de danos algorítmicos ou consequências não intencionais.

Em conclusão, navegar pelas considerações e desafios éticos colocados pela IA exige um esforço concertado dos decisores políticos, dos tecnólogos e da sociedade em geral. Ao adotar princípios de justiça, privacidade, responsabilidade e transparência, podemos aproveitar o potencial transformador da IA, minimizando os seus impactos negativos. Ao traçarmos o caminho para o futuro da IA, mantenhamo-nos firmes no nosso compromisso de defender os valores éticos e garantir que a tecnologia serve o bem maior da humanidade.

Capítulo 6. Tendências futuras na aprendizagem de máquinas

Introdução:

O panorama das máquinas de aprendizagem está em constante evolução, impulsionado pelos avanços tecnológicos e pela procura de soluções para problemas cada vez mais complexos do mundo real. Olhando para o futuro, várias tendências estão preparadas para moldar o futuro deste domínio.

Em primeiro lugar, prevemos avanços significativos no domínio da IA explicável (XAI). À medida que os sistemas de IA são integrados em processos críticos de tomada de decisões em vários sectores, há uma necessidade crescente de transparência e interpretabilidade. As futuras máquinas de aprendizagem darão prioridade à explicabilidade, permitindo que as partes interessadas compreendam como a IA chega às suas conclusões e promovendo a confiança nestes sistemas.

Em segundo lugar, a convergência da IA com outras tecnologias transformadoras, como a computação quântica e a cadeia de blocos, é extremamente promissora. A computação quântica pode aumentar exponencialmente o poder de processamento dos algoritmos de IA, abrindo novas possibilidades na resolução de problemas complexos. Do mesmo modo, a tecnologia de cadeias de blocos oferece um quadro descentralizado e à prova de adulteração para a gestão de dados, respondendo às preocupações relacionadas com a privacidade e a segurança dos dados em aplicações de IA.

Além disso, a integração da IA com dispositivos da Internet das Coisas (IoT) irá revolucionar vários domínios, desde as cidades inteligentes aos cuidados de saúde. Os sensores IoT geram grandes quantidades de dados e os algoritmos de IA podem extrair informações valiosas desses dados em tempo real, permitindo a tomada de decisões proactivas e optimizando a utilização de recursos.

Além disso, a democratização da IA através de plataformas de baixo código e sem código permitirá que indivíduos sem grandes conhecimentos de programação desenvolvam soluções de IA. Esta democratização democratizará o acesso às ferramentas de IA e promoverá a inovação em diversas indústrias e sectores.

Para além disso, a colaboração e o aumento da IA humana tornar-se-ão cada vez mais prevalecentes. Em vez de substituir os trabalhadores humanos, a IA complementará as capacidades humanas, automatizando tarefas repetitivas e permitindo que os humanos se concentrem em actividades cognitivas de nível superior. Esta relação simbiótica entre humanos e máquinas conduzirá a níveis de produtividade e inovação sem precedentes.

No sector dos cuidados de saúde, a medicina personalizada impulsionada pela IA revolucionará os cuidados aos doentes, tirando partido de grandes quantidades de dados genómicos e clínicos para adaptar os planos de tratamento às características e necessidades únicas de cada doente. Da mesma forma, os processos de descoberta e desenvolvimento de medicamentos baseados em IA acelerarão a identificação de novos compostos terapêuticos, colocando novos tratamentos no mercado mais rapidamente.

Além disso, a ética da IA e as práticas responsáveis de IA merecerão maior atenção e escrutínio. À medida que os sistemas de IA exercem uma influência significativa sobre vários aspectos da sociedade, será fundamental garantir a equidade, a responsabilidade e a transparência na tomada de decisões sobre IA. As directrizes éticas e os quadros regulamentares continuarão a evoluir para dar resposta a estas preocupações e atenuar os potenciais riscos associados à implantação da IA.

Em conclusão, o futuro das máquinas de aprendizagem está repleto de possibilidades, desde o avanço da XAI e o aproveitamento do potencial da computação quântica até à democratização da IA e à promoção da colaboração entre humanos e IA. Mantendo-nos a par destas tendências emergentes e adoptando considerações éticas, podemos aproveitar o poder transformador da IA para enfrentar os desafios mais prementes do mundo e inaugurar um futuro em que as máquinas de aprendizagem melhorem o bem-estar e a prosperidade humanos.

6.1. Avanços na aprendizagem profunda

Os avanços na Aprendizagem Profunda impulsionaram a inteligência artificial para patamares sem precedentes, remodelando as indústrias e revolucionando a forma como interagimos com a tecnologia. Um dos avanços mais significativos dos últimos anos é o desenvolvimento de modelos Transformer, como o BERT e o GPT, que demonstraram capacidades notáveis na compreensão e geração de linguagem natural. Estes modelos tiram partido de mecanismos de atenção para captar relações contextuais nos dados, permitindo sistemas de IA mais matizados e contextualmente conscientes.

Além disso, o aparecimento de técnicas de aprendizagem auto-supervisionada alargou significativamente o âmbito das aplicações de aprendizagem profunda. Ao tirar partido de grandes conjuntos de dados não rotulados, os modelos podem aprender representações significativas dos dados sem supervisão explícita, o que conduz a melhorias na aprendizagem por transferência e na adaptação ao domínio. Esta abordagem revelou-se particularmente valiosa em domínios em que os dados rotulados são escassos ou dispendiosos de obter, como a imagiologia médica e a condução autónoma.

Outro avanço fundamental na aprendizagem profunda é a fusão do raciocínio simbólico com as redes neuronais, colmatando o fosso entre as abordagens tradicionais de IA e de aprendizagem automática. Técnicas como a integração neurossimbólica permitem que os modelos combinem as robustas capacidades de aprendizagem estatística das redes neuronais com o raciocínio simbólico e a inferência lógica dos sistemas clássicos de IA. Esta integração tem o potencial de abrir novas possibilidades em domínios como a representação de conhecimentos, o raciocínio automático e a tomada de decisões.

Além disso, a proliferação de infra-estruturas de computação distribuída em grande escala acelerou a formação de modelos de aprendizagem profunda, permitindo aos investigadores resolver problemas cada vez mais complexos. Técnicas como a formação distribuída, o paralelismo de modelos e o paralelismo de dados permitem a utilização eficiente dos recursos de computação, facilitando a formação de modelos com milhares de milhões de parâmetros em conjuntos de dados maciços. Esta escalabilidade é crucial para enfrentar os desafios do mundo real que exigem uma análise de dados em grande escala, como a modelação climática, a descoberta de medicamentos e a previsão financeira.

Além disso, a democratização das ferramentas e estruturas de aprendizagem profunda reduziu a barreira à entrada de investigadores e profissionais, promovendo a inovação e a colaboração em diversos domínios. As bibliotecas de código aberto, como o TensorFlow e o PyTorch, fornecem plataformas acessíveis para desenvolver e implementar modelos de aprendizagem profunda, enquanto os cursos e tutoriais em linha oferecem recursos abrangentes para aprender os fundamentos da IA e da aprendizagem automática. Esta democratização conduziu a uma proliferação de aplicações de IA em todos os sectores, impulsionando avanços em áreas como os cuidados de saúde, as finanças, a agricultura e o entretenimento.

Além disso, a integração da aprendizagem profunda com outras tecnologias emergentes, como a aprendizagem por reforço, as redes adversárias generativas (GAN) e a computação quântica, promete desbloquear novas fronteiras na investigação e desenvolvimento da IA. As abordagens híbridas que combinam os pontos fortes de diferentes técnicas permitem sistemas de IA mais robustos e adaptáveis, capazes de resolver problemas complexos e multifacetados. Por exemplo, a combinação da aprendizagem profunda por reforço com a visão por computador conduziu a progressos significativos em áreas como a manipulação robótica e a navegação autónoma.

Além disso, a investigação em curso no domínio da IA explicável (XAI) tem por objetivo melhorar a interpretabilidade e a transparência dos modelos de aprendizagem profunda, respondendo a preocupações sobre a sua fiabilidade e responsabilidade. Técnicas como os mecanismos de atenção, os mapas de saliência e o treino contraditório permitem aos investigadores compreender melhor a forma como os modelos tomam decisões e identificar potenciais enviesamentos ou erros. Ao fornecer informações sobre o funcionamento interno dos sistemas de IA, a XAI permite que as partes interessadas tomem decisões informadas e criem aplicações de IA mais fiáveis.

Em conclusão, o ritmo acelerado da inovação no domínio da aprendizagem profunda é extremamente promissor para dar resposta a alguns dos desafios mais prementes que a sociedade enfrenta atualmente. Da compreensão da linguagem natural e da visão computacional aos cuidados de saúde e à sustentabilidade ambiental, as técnicas de aprendizagem profunda continuam a alargar os limites do que é possível com a IA. Tirando partido dos avanços nos algoritmos, no hardware e na colaboração interdisciplinar, podemos aproveitar todo o potencial da aprendizagem profunda para criar um futuro em que a IA sirva como uma ferramenta poderosa para um impacto social positivo.

6.2. Integração da IA na Internet das Coisas

A integração da inteligência artificial (IA) com a Internet das Coisas (IoT) anuncia uma mudança de paradigma na forma como interagimos com a tecnologia e a utilizamos. Esta fusão representa a convergência de duas forças poderosas: a capacidade da IA para processar e analisar grandes quantidades de dados e a interligação de dispositivos IoT, desde electrodomésticos inteligentes a sensores industriais. Através desta integração, os sistemas IoT equipados com IA têm o potencial de revolucionar vários aspectos das nossas vidas, desde a otimização da utilização de recursos em cidades inteligentes até à melhoria dos cuidados de saúde através da monitorização remota de pacientes e de planos de tratamento personalizados.

Uma vantagem significativa da IoT com IA reside na sua capacidade de gerar conhecimentos accionáveis a partir do dilúvio de dados recolhidos pelos sensores IoT. Ao tirar partido dos algoritmos de aprendizagem automática, estes sistemas podem analisar fluxos de dados em tempo real, identificando padrões, anomalias e correlações que podem ser imperceptíveis para os operadores humanos. Esta capacidade permite que as organizações de todos os sectores tomem rapidamente decisões baseadas em dados, o que leva a uma maior eficiência operacional, à redução de custos e a uma melhor prestação de serviços.

Além disso, as soluções IoT baseadas em IA têm o potencial de melhorar a segurança em vários domínios. Por exemplo, em casas inteligentes, os algoritmos de IA podem analisar os dados dos sensores para detetar actividades invulgares ou potenciais ameaças à segurança, desencadeando alertas ou iniciando respostas adequadas de forma autónoma. Do mesmo modo, em ambientes industriais, os sistemas IoT com IA podem prever falhas de equipamento antes de estas ocorrerem, evitando assim tempos de inatividade dispendiosos e garantindo a segurança dos trabalhadores.

Além disso, a integração da IA com a IoT abre caminhos para a inovação e a personalização. Através da aprendizagem e adaptação contínuas, os algoritmos de IA podem adaptar as suas respostas e recomendações de acordo com as preferências individuais e a evolução das condições ambientais. Este aspeto de personalização estende-se para além das aplicações de consumo à automação industrial, onde a manutenção preditiva orientada por IA pode otimizar o desempenho do equipamento com base em padrões de utilização históricos e condições de funcionamento em tempo real.

No entanto, a par destas oportunidades, a integração da IA com a IdC também coloca vários desafios e considerações. As preocupações com a privacidade no que respeita à recolha e utilização de dados pessoais pelos dispositivos IoT continuam a ser fundamentais, exigindo medidas de segurança robustas e quadros de governação de dados transparentes. Além disso, a complexidade dos algoritmos de IA e a natureza interligada dos ecossistemas da IdC levantam questões sobre a responsabilização e a responsabilidade em caso de falhas ou erros do sistema.

Em conclusão, a integração da IA com a Internet das Coisas é uma promessa imensa para transformar indústrias, aumentar a eficiência e melhorar a qualidade de vida. Ao aproveitar o poder da IA para analisar os dados gerados pela IoT e obter informações accionáveis, as organizações podem desbloquear novos níveis de produtividade, inovação e criação de valor. No entanto, a concretização deste potencial requer uma abordagem holística que aborde os desafios técnicos, éticos e regulamentares, ao mesmo tempo que promove a colaboração entre disciplinas e partes interessadas. À medida que navegamos neste cenário em evolução, é imperativo dar prioridade aos princípios de transparência, responsabilidade e inclusão para garantir que as soluções de IoT orientadas para a IA beneficiam a sociedade como um todo.

6.3. Colaboração e reforço humano-IA

A colaboração e o aumento da IA humana anunciam uma nova era de inovação e produtividade, prometendo impactos transformadores em várias indústrias e domínios. Na sua essência, esta sinergia representa uma relação simbiótica em que os seres humanos e os sistemas de inteligência artificial complementam os pontos fortes uns dos outros, atenuando as fraquezas individuais e atingindo níveis de desempenho sem precedentes. O potencial de colaboração reside no aproveitamento das capacidades cognitivas únicas dos seres humanos e das proezas computacionais dos algoritmos de IA para enfrentar desafios complexos. Através de uma integração perfeita, esta parceria permite uma tomada de decisões mais eficiente, a resolução de problemas e a criatividade.

Uma das principais vantagens da colaboração homem-IA é a sua capacidade de ampliar as capacidades humanas. Os sistemas de IA são excelentes no processamento de grandes quantidades de dados e na execução de tarefas repetitivas com precisão e rapidez, libertando os humanos de tarefas mundanas e permitindo-lhes concentrarem-se em funções cognitivas de ordem superior. Ao automatizar os processos de rotina e ao fornecer informações inteligentes, a IA permite que os indivíduos tomem decisões mais informadas e impulsionem a inovação. Este aumento do intelecto humano com tecnologias de IA estende-se a vários domínios, incluindo os cuidados de saúde, as finanças, a indústria transformadora e o serviço de apoio ao cliente, onde aumenta a produtividade e a qualidade dos resultados.

Além disso, a colaboração entre humanos e IA promove a aprendizagem contínua e o desenvolvimento de competências. À medida que os seres humanos interagem com os sistemas de IA, adquirem conhecimentos sobre análise de dados, reconhecimento de padrões e pensamento algorítmico, melhorando assim a sua literacia digital e adaptabilidade. Ao mesmo tempo, os algoritmos de IA aprendem com o feedback e o comportamento humano, aperfeiçoando os seus modelos e previsões ao longo do tempo. Este processo de aprendizagem recíproca cultiva um ecossistema dinâmico em que tanto os seres humanos como a IA evoluem em conjunto, enriquecendo as capacidades de cada um e expandindo a fronteira do conhecimento.

Além disso, a colaboração entre humanos e IA promove a inclusão e a diversidade na resolução de problemas. Ao integrar diversas perspectivas e conhecimentos, os sistemas de IA podem gerar soluções mais robustas que têm em conta as necessidades e preferências das várias partes interessadas. Além disso, os algoritmos de IA podem ajudar as pessoas com deficiência, fornecendo adaptações personalizadas e melhorando a acessibilidade das interfaces digitais. Esta abordagem de conceção inclusiva garante que as tecnologias de IA beneficiam todos os membros da sociedade, independentemente das suas origens ou capacidades, promovendo um futuro mais equitativo e inclusivo.

As considerações éticas desempenham um papel crucial na definição da dinâmica da colaboração entre humanos e IA. À medida que as tecnologias de IA se tornam cada vez mais integradas nos processos de tomada de decisão e nas infra-estruturas sociais, é essencial defender princípios de transparência, responsabilidade e justiça. A supervisão humana é fundamental para garantir que os sistemas de IA funcionem de forma ética e estejam em conformidade com os valores sociais. Além disso, devem ser implementadas salvaguardas para evitar enviesamentos algorítmicos, proteger a privacidade do utilizador e mitigar os riscos de consequências não intencionais. Ao aderir a normas éticas e quadros regulamentares, a colaboração entre humanos e IA pode promover a confiança e a aceitação entre as partes interessadas, abrindo caminho para a inovação responsável e o progresso social.

Em conclusão, a colaboração e o aumento da IA humana têm um imenso potencial para revolucionar a forma como trabalhamos, aprendemos e interagimos com a tecnologia. Ao tirar partido das forças complementares dos seres humanos e dos sistemas de IA, podemos abrir novas oportunidades para a inovação, a produtividade e o avanço da sociedade. No entanto, a concretização deste potencial exige um esforço concertado para abordar questões éticas, promover a inclusão e fomentar uma cultura de aprendizagem e adaptação contínuas. À medida que navegamos na paisagem em evolução da colaboração entre humanos e IA, vamos abraçar as oportunidades que ela apresenta, mantendo-nos vigilantes para garantir que as tecnologias de IA servem o bem coletivo e contribuem para um futuro mais próspero e equitativo para todos.

Conclusão:

O campo das máquinas de aprendizagem e da inteligência artificial está numa trajetória de evolução contínua, impulsionada pelos rápidos avanços da tecnologia e pelo reino de possibilidades em constante expansão. Quando olhamos para o futuro, há várias tendências que se destacam, cada uma delas pronta a moldar profundamente o panorama da IA.

A aprendizagem profunda, com a sua capacidade de aprender padrões e representações complexas a partir de dados, tem estado na vanguarda da inovação da IA. Olhando para o futuro, prevemos avanços ainda mais notáveis neste domínio. À medida que o poder computacional aumenta e surgem novas arquitecturas, os modelos de aprendizagem profunda tornar-se-ão mais eficientes, capazes de lidar com conjuntos de dados maiores e de resolver problemas mais complexos. É provável que técnicas como a aprendizagem auto-supervisionada, a meta-aprendizagem e a IA neuro-simbólica ultrapassem os limites do possível, abrindo caminho a sistemas de IA com níveis de sofisticação e adaptabilidade sem precedentes.

A convergência da IA e da IoT está destinada a revolucionar numerosos sectores, desde os cuidados de saúde e a indústria transformadora até às cidades inteligentes e à agricultura. Ao incorporar algoritmos de IA nos dispositivos IoT, podemos dotá-los de inteligência, permitindo-lhes analisar dados localmente, tomar decisões em tempo real e comunicar informações através das redes. Esta sinergia não só aumentará a eficiência e a automatização, como também desbloqueará novas capacidades, como a manutenção preditiva, os serviços personalizados e os ambientes adaptáveis. No entanto, esta integração também levanta considerações importantes em torno da privacidade, segurança e interoperabilidade dos dados, que devem ser abordadas para concretizar todo o seu potencial.

Em vez de encarar a IA como um substituto da inteligência humana, o futuro reside no aproveitamento das forças complementares dos seres humanos e das máquinas através da colaboração e do aumento. Ao tirar partido da IA para automatizar tarefas de rotina, aumentar as capacidades humanas e fornecer apoio inteligente à tomada de decisões, podemos desbloquear novos níveis de produtividade, criatividade e inovação em diversos domínios. Esta mudança de paradigma exige uma abordagem holística que considere não só os aspectos técnicos, mas também as implicações éticas, sociais e psicológicas. Criar confiança entre os seres humanos e os sistemas de IA, garantir a transparência e a interpretabilidade e promover uma conceção inclusiva são essenciais para fomentar uma colaboração efectiva e maximizar os benefícios sociais da IA.

Em conclusão, o futuro das máquinas de aprendizagem é promissor, alimentado pela investigação em curso, pelos avanços tecnológicos e por um ecossistema crescente de colaboração interdisciplinar. À medida que navegamos nesta excitante fronteira, é imperativo mantermo-nos vigilantes, abordando as implicações éticas, legais e sociais, ao mesmo tempo que fomentamos uma cultura de inovação responsável e de aprendizagem contínua. Se adoptarmos estas tendências futuras e nos mantivermos na vanguarda da evolução da IA, podemos libertar todo o potencial das máquinas de aprendizagem para enfrentar os desafios do mundo real, reforçar a criatividade humana e moldar um futuro mais brilhante para todos.

Capítulo 7: Conclusão

Introdução:

As máquinas de aprendizagem, alimentadas por algoritmos de inteligência artificial (IA), tornaram-se ferramentas indispensáveis em vários sectores devido à sua capacidade de analisar grandes quantidades de dados, obter informações e tomar decisões informadas. A sua versatilidade e adaptabilidade tornam-nas inestimáveis para enfrentar desafios complexos e impulsionar a inovação em inúmeras aplicações do mundo real.

No sector da saúde, as máquinas de aprendizagem desempenham um papel crucial na melhoria dos cuidados, do diagnóstico e dos resultados dos tratamentos dos doentes. Ao analisar imagens médicas, como radiografias e exames de ressonância magnética, os modelos de aprendizagem automática podem ajudar os radiologistas a detetar anomalias e doenças numa fase inicial. Além disso, os modelos de análise preditiva podem prever readmissões de doentes, identificar indivíduos de alto risco e personalizar planos de tratamento com base em dados individuais dos doentes, conduzindo a melhores resultados para os doentes e a uma redução dos custos dos cuidados de saúde.

No sector financeiro, as máquinas de aprendizagem são utilizadas para deteção de fraudes, gestão de riscos e negociação algorítmica. Os algoritmos de aprendizagem automática analisam dados de transacções para detetar actividades fraudulentas em tempo real, protegendo assim os clientes e as instituições financeiras de perdas financeiras. Além disso, os modelos preditivos prevêem as tendências do mercado, optimizam as carteiras de investimento e automatizam as estratégias de negociação, permitindo às instituições financeiras tomar decisões baseadas em dados e capitalizar as oportunidades emergentes no mercado.

A indústria automóvel está a sofrer uma transformação com o desenvolvimento de veículos autónomos, e as máquinas de aprendizagem estão no centro desta revolução. Os algoritmos avançados de IA alimentam os automóveis autónomos, permitindo-lhes perceber o seu ambiente, tomar decisões e navegar em segurança nas estradas. Os modelos de aprendizagem automática processam dados de sensores, incluindo LiDAR, radar e câmaras, para detetar objectos, prever trajectórias e evitar colisões, abrindo caminho a sistemas de transporte mais seguros e eficientes e reduzindo os acidentes causados por erro humano.

No domínio do marketing e das vendas, as máquinas de aprendizagem conduzem experiências personalizadas para os clientes, campanhas publicitárias direccionadas e previsões de vendas. Os motores de recomendação alimentados por IA analisam o comportamento e as preferências do cliente para fornecer recomendações de produtos personalizadas, aumentando a satisfação do cliente e impulsionando as receitas de vendas.

Além disso, os algoritmos de aprendizagem automática analisam as tendências do mercado, o sentimento dos clientes e os dados da concorrência para identificar novas oportunidades de mercado, otimizar estratégias de preços e prever o desempenho das vendas, permitindo que as empresas se mantenham competitivas em ambientes de mercado dinâmicos.

No fabrico e na indústria, as máquinas de aprendizagem alimentam os sistemas robóticos que automatizam tarefas repetitivas, simplificam os processos de produção e melhoram a eficiência operacional. Os algoritmos de aprendizagem automática permitem que os robots se adaptem a ambientes em mudança, aprendam com a experiência e melhorem o seu desempenho ao longo do tempo. Desde robôs de linhas de montagem a drones autónomos, as máquinas de aprendizagem estão a revolucionar a forma como as tarefas são executadas em várias indústrias, conduzindo a um aumento da produtividade, à redução de custos e à segurança dos trabalhadores.

Na nossa exploração de "Learning Machines: Mastering AI Techniques for Real-World Problems", percorremos o vasto panorama da inteligência artificial (IA) e o seu impacto transformador na resolução dos desafios do mundo real. Desde o estabelecimento das bases com uma compreensão das máquinas de aprendizagem até à previsão de tendências e direcções futuras, a nossa viagem tem sido simultaneamente esclarecedora e estimulante.

Começámos por elucidar a definição e a visão geral das máquinas de aprendizagem, entendendo-as como a pedra angular da IA que permite aos sistemas adquirir conhecimentos e melhorar o desempenho ao longo do tempo. Esta base preparou o caminho para a compreensão da importância das máquinas de aprendizagem em aplicações do mundo real, onde servem de catalisadores para a inovação em diversos domínios, desde os cuidados de saúde e finanças até aos veículos autónomos e muito mais.

Além disso, a nossa exploração da evolução das técnicas de IA destacou os avanços e descobertas contínuos que impulsionaram o campo. Das abordagens clássicas aos paradigmas modernos de aprendizagem profunda, a trajetória da evolução da IA reflecte uma procura incessante de eficiência, precisão e escalabilidade na resolução de problemas complexos.

Aprofundando o tema, desvendámos os fundamentos da aprendizagem automática, desmistificando os conceitos básicos, a terminologia e os principais algoritmos. As técnicas de aprendizagem supervisionada e não supervisionada foram elucidadas, juntamente com os processos essenciais de pré-processamento de dados e engenharia de características, que estabelecem as bases para a construção de modelos de aprendizagem robustos e eficazes.

As considerações e os desafios éticos não foram esquecidos no nosso percurso. Confrontámo-nos com questões de parcialidade, justiça, privacidade e responsabilidade, reconhecendo a importância crítica da implementação responsável da IA para salvaguardar o bem-estar da sociedade e promover a confiança nos sistemas de IA.

Olhando para o futuro, vislumbrámos o horizonte do potencial da IA, prevendo avanços na aprendizagem profunda, integração com a Internet das Coisas (IoT) e a promessa de colaboração e aumento da IA humana. Estas tendências futuras são a chave para desbloquear novas fronteiras de inovação, capacitar os indivíduos e remodelar as indústrias de forma profunda.

"Learning Machines: Learning Machines: Mastering AI Techniques for Real-World Problems" não é apenas um livro, mas um testemunho das possibilidades ilimitadas da IA para resolver alguns dos desafios mais prementes que a humanidade enfrenta atualmente. Ao embarcarmos nas nossas jornadas individuais e colectivas de domínio das técnicas de IA, vamos abraçar o espírito de curiosidade, criatividade e colaboração para aproveitar o poder transformador das máquinas de aprendizagem para a melhoria do nosso mundo.

Em conclusão, as máquinas de aprendizagem estão a impulsionar a inovação e a transformar as indústrias em todo o mundo. Desde os cuidados de saúde e as finanças até aos transportes e à indústria transformadora, as aplicações das tecnologias baseadas na IA são vastas e diversificadas, oferecendo oportunidades sem precedentes para as empresas e para a sociedade em geral. À medida que a IA continua a avançar, é essencial aproveitar o seu potencial de forma responsável, abordando considerações éticas e garantindo que as soluções baseadas na IA beneficiam a humanidade e contribuem para um futuro mais sustentável e equitativo.

7.1. Importância da aprendizagem contínua

A inteligência artificial (IA) e a aprendizagem automática (AM) são domínios dinâmicos que estão em constante evolução, com novos algoritmos, técnicas e aplicações a surgirem a um ritmo acelerado. Num ambiente tão acelerado, a aprendizagem contínua não é apenas benéfica, mas imperativa para os profissionais e investigadores neste domínio. Eis várias razões pelas quais a aprendizagem contínua é crucial na IA:

O domínio da IA e do ML caracteriza-se por avanços e descobertas rápidos. São frequentemente desenvolvidos novos algoritmos, arquitecturas e metodologias, que melhoram o desempenho e as capacidades dos sistemas de IA. A aprendizagem contínua permite que os profissionais se mantenham actualizados com os últimos desenvolvimentos, garantindo que podem utilizar as técnicas mais avançadas para resolver eficazmente os problemas do mundo real.

As aplicações e os casos de utilização da IA estão em constante evolução em vários sectores. Dos cuidados de saúde e finanças aos transportes e entretenimento, as tecnologias de IA estão a ser aplicadas em diversos domínios para enfrentar desafios complexos e impulsionar a inovação. A aprendizagem contínua permite que os profissionais se adaptem à evolução das tendências e dos requisitos nos seus respectivos domínios, garantindo que as suas competências permanecem relevantes e valiosas no mercado.

A IA e o ML têm como objetivo fundamental a resolução de problemas complexos através da utilização de dados e algoritmos. A aprendizagem contínua oferece oportunidades para os profissionais melhorarem as suas capacidades de resolução de problemas, enfrentando uma vasta gama de desafios, experimentando diferentes abordagens e aprendendo com os sucessos e os fracassos. Ao expandirem continuamente os seus conhecimentos e competências, os profissionais podem tornar-se mais hábeis na conceção de soluções inovadoras para problemas do mundo real.

A aprendizagem contínua promove uma cultura de criatividade e inovação na comunidade de IA. Ao explorarem novas ideias, experimentarem técnicas não convencionais e colaborarem com os seus pares, os profissionais podem ultrapassar os limites do que é possível em IA e ML. Este espírito de inovação não só impulsiona o progresso neste domínio, como também conduz ao desenvolvimento de tecnologias e aplicações revolucionárias que têm o potencial de transformar as indústrias e melhorar a qualidade de vida das pessoas em todo o mundo.

À medida que as tecnologias de IA se tornam mais difundidas na sociedade, há uma consciência crescente das implicações éticas, sociais e societais dos sistemas de IA. A aprendizagem contínua permite aos profissionais manterem-se informados sobre considerações éticas, preconceitos, questões de equidade e preocupações com a privacidade associadas às aplicações de IA. Ao compreenderem estes desafios e ao participarem ativamente em debates e investigação sobre práticas éticas de IA, os profissionais podem contribuir para o desenvolvimento de soluções de IA responsáveis que beneficiem a sociedade, minimizando simultaneamente os potenciais danos.

Em conclusão, a aprendizagem contínua é essencial para que os profissionais e investigadores no domínio da inteligência artificial e da aprendizagem automática acompanhem os avanços, se adaptem às novas tendências, melhorem as capacidades de resolução de problemas, promovam a criatividade e a inovação e abordem as implicações éticas e sociais. Ao adoptarem uma mentalidade de aprendizagem ao longo da vida, os indivíduos podem manter-se na vanguarda da inovação em matéria de IA e contribuir para o desenvolvimento de soluções com impacto que afectam positivamente o mundo.

7.2. Direcções futuras na investigação e desenvolvimento da IA

A IA explicável procura aumentar a transparência e a interpretabilidade dos modelos de IA, permitindo aos humanos compreender como os sistemas de IA chegam às suas decisões. A investigação futura em XAI centrar-se-á no desenvolvimento de técnicas e metodologias que forneçam informações sobre o funcionamento interno de modelos complexos de IA, permitindo que os utilizadores confiem e verifiquem as decisões baseadas em IA em aplicações críticas como os cuidados de saúde, as finanças e os veículos autónomos.

Há um reconhecimento crescente do potencial da IA para enfrentar os desafios globais e promover o bem social. A investigação futura explorará a forma como a IA pode ser utilizada para resolver questões prementes como as alterações climáticas, a redução da pobreza, o acesso aos cuidados de saúde e a equidade na educação. Ao desenvolver soluções de IA que dão prioridade aos princípios éticos, à justiça e à inclusão, os investigadores pretendem criar um impacto social positivo e contribuir para a realização dos Objectivos de Desenvolvimento Sustentável das Nações Unidas.

Os actuais sistemas de IA sofrem frequentemente do problema do esquecimento catastrófico, em que se esforçam por reter conhecimentos previamente adquiridos quando expostos a novos dados ou tarefas. A investigação futura centrar-se-á no desenvolvimento de algoritmos de IA capazes de aprendizagem contínua e adaptação ao longo da vida, permitindo aos sistemas acumular conhecimentos ao longo do tempo, adaptar-se a ambientes em mudança e adquirir novas competências sem esquecer experiências anteriores.

A IA tem o potencial de revolucionar o processo de descoberta científica em várias disciplinas, incluindo a física, a química, a biologia e a ciência dos materiais. A investigação futura explorará o modo como as técnicas de IA, como a aprendizagem automática, o processamento de linguagem natural e a aprendizagem por reforço, podem ser aplicadas para analisar grandes quantidades de dados científicos, descobrir novos padrões e correlações e acelerar o ritmo da inovação científica.

À medida que as tecnologias de IA se tornam mais difundidas na sociedade, há uma necessidade crescente de quadros de governação e regulamentos sólidos para garantir a sua utilização responsável e ética. A investigação futura centrar-se-á no desenvolvimento de princípios éticos de IA, orientações e quadros regulamentares que abordem questões como a parcialidade, a equidade, a responsabilidade, a privacidade e a transparência. Ao promover práticas de IA responsáveis e fomentar a colaboração entre os decisores políticos, as partes interessadas da indústria e a sociedade civil, os investigadores pretendem criar um ecossistema de IA mais ético e inclusivo.

A IA tem o potencial de revolucionar as experiências personalizadas em vários domínios, incluindo os cuidados de saúde, a educação, o entretenimento e o retalho. A investigação futura irá explorar a forma como as técnicas de personalização baseadas na IA podem ser utilizadas para adaptar produtos, serviços e intervenções às preferências, necessidades e características individuais. Ao aproveitar o poder da IA para aumentar as capacidades humanas, os investigadores pretendem capacitar os indivíduos com assistência personalizada, conhecimentos e recomendações que melhorem a sua qualidade de vida e produtividade.

Em conclusão, o futuro da investigação e desenvolvimento da IA caracteriza-se por uma convergência de inovação tecnológica, considerações éticas e impacto social. Ao abordar os principais desafios e oportunidades em áreas como a IA explicável, a IA para o bem, a aprendizagem contínua, a descoberta científica, a governação ética e o aumento personalizado, os investigadores pretendem libertar todo o potencial da IA para enfrentar os desafios globais, capacitar os indivíduos e moldar um futuro mais equitativo e sustentável.

Conclusão:

Nesta exploração exaustiva das máquinas de aprendizagem e do seu papel fundamental na inteligência artificial (IA), embarcámos numa viagem desde a compreensão dos conceitos fundamentais até à previsão de futuras tendências e direcções na investigação e desenvolvimento da IA.

Começámos por definir as máquinas de aprendizagem e apresentar uma panorâmica da sua importância nas aplicações do mundo real. Dos cuidados de saúde às finanças, as máquinas de aprendizagem estão a impulsionar a inovação e a resolver problemas complexos em diversos domínios. Além disso, traçámos a evolução das técnicas de IA, destacando o percurso desde os conceitos fundamentais até aos algoritmos de aprendizagem sofisticados que alimentam os sistemas de IA modernos.

Aprofundando mais, explorámos os conceitos fundamentais, a terminologia e os tipos de aprendizagem automática. Da aprendizagem supervisionada e não supervisionada à aprendizagem por reforço, desvendámos os mecanismos subjacentes aos algoritmos de aprendizagem e as suas aplicações na resolução de tarefas de classificação, regressão e agrupamento. Além disso, examinámos os principais algoritmos e técnicas que constituem a espinha dorsal da aprendizagem automática, lançando as bases para a compreensão de metodologias avançadas.

Reconhecendo a importância da qualidade dos dados e da representação das características, aprofundámos as técnicas de pré-processamento de dados, como a limpeza, o tratamento de valores em falta e a seleção de características. Também foram explorados métodos de redução de dimensionalidade para simplificar a complexidade dos dados e aumentar a eficiência do modelo, abrindo caminho para processos de aprendizagem mais eficazes.

Explorámos ainda técnicas de aprendizagem supervisionadas e não supervisionadas, elucidando a análise de regressão, os algoritmos de classificação e os métodos de agrupamento. Através da regressão, prevemos resultados contínuos, enquanto a classificação nos permite categorizar os dados em classes predefinidas. Entretanto, os algoritmos de agrupamento descobrem padrões e agrupamentos ocultos nos dados, facilitando a exploração e análise não supervisionadas.

Reconhecendo as dimensões éticas da IA, abordámos os preconceitos, a equidade, a privacidade, as preocupações de segurança e a necessidade de responsabilização e transparência nos modelos de aprendizagem automática. À medida que as aplicações de IA proliferam, é necessário dar prioridade às considerações éticas para garantir uma implantação responsável e equitativa na sociedade.

Olhando para o futuro, previmos o futuro das máquinas de aprendizagem, destacando os avanços na aprendizagem profunda, a integração com a Internet das Coisas (IoT) e o potencial de colaboração e aumento da IA humana. Estas tendências prometem remodelar os sectores, promover a inovação e impulsionar a IA para níveis mais elevados de capacidade e sofisticação.

Em conclusão, a viagem através das máquinas de aprendizagem sublinha a importância da aprendizagem contínua na IA. À medida que o campo evolui, os profissionais devem manter-se a par dos avanços, adotar princípios éticos e prever futuras direcções na investigação e desenvolvimento da IA. Ao promover uma cultura de aprendizagem e inovação ao longo da vida, podemos aproveitar o poder transformador da IA para enfrentar os desafios globais, capacitar os indivíduos e moldar um futuro melhor para a humanidade.

8. Bibliografia

1. S. Tyagi, H. Kargeti, R. Tiwari, S. S. Chauhan e R. Kumar, "Unveiling Revolutionary Applications of Intelligent Technologies Like AI and ML in Real-World Settings", Conferência Internacional de 2023 sobre Tecnologias Avançadas de Computação e Comunicação (ICACCTech), Banur, Índia, 2023, pp. 581-585, doi: 10.1109/ICACCTech61146.2023.00099.

2. D. Wang, D. Zhang, Y. Zhang, M. T. Rashid, L. Shang e N. Wei, "Social Edge Intelligence: Integrating Human and Artificial Intelligence at the Edge", 2019 IEEE First International Conference on Cognitive Machine Intelligence (CogMI), Los Angeles, CA, EUA, 2019, pp. 194-201, doi: 10.1109/CogMI48466.2019.00036.

3. C. Tang, Z. Wang, X. Sima e L. Zhang, "Research on Artificial Intelligence Algorithm and Its Application in Games", 2020 2nd International Conference on Artificial Intelligence and Advanced Manufacture (AIAM), Manchester, Reino Unido, 2020, pp. 386-389, doi: 10.1109/AIAM50918.2020.00085.

4. X. Wang e Y. Sun, "Aplicação de inteligência artificial da tecnologia de realidade virtual na criação de arte em meios digitais", 2021 2.ª Conferência Internacional sobre Ciência da Informação e Educação (ICISE-IE), Chongqing, China, 2021, pp. 1669-1672, doi: 10.1109/ICISE-IE53922.2021.00369.

5. Y. Liu, "Application of Artificial Intelligence Algorithm in Indoor Virtual Display System," 2022 Fourth International Conference on Emerging Research in Electronics, Computer Science and Technology (ICERECT), Mandya, India, 2022, pp. 1-5, doi: 10.1109/ICERECT56837.2022.10060374.

Printed by Books on Demand GmbH, Norderstedt / Germany